...isms

塑造世界建筑史的 59 个关键流派

读懂建筑

[英]杰里米·梅尔文（Jeremy Melvin）著

蒋子凌 译

华中科技大学出版社
http://www.hustp.com
中国·武汉

有书至美
BOOK & BEAUTY

目录

建筑就在我们身边，它与我们每时每刻都息息相关，以深刻和微妙的方式影响着我们的生活模式，例如我们该从哪里进入一座建筑？如何穿过这一建筑？它能唤起人们强烈的记忆、情感和想法。

然而，随着时间、地点和社会背景的不同，建筑之间也有很大的差异。这样的区别使我们将每种类型的建筑置于许多不同的、用来描述特定历史时期的建筑流派中。

这本书是理解那些建筑中最重要的流派的简易指南。它们之间的差异往往根植于物理条件，如建筑的用途、当地气候和材料的可得性。随着时间的推移，这些影响演变成习俗，它们的特点与当地文化交织在一起，往往产生持久的传统。这些本土传统可能开始通过各种途径影响世界其他地方的社会和文化，比如与其他国家的贸易，就像欧洲人把他们的建筑带到殖民地一样。

如果说建筑起源于人类需要创造一个适合当前环境的栖息地，那么它很快就成了一种协调和理解这种环境的方式，一种向神和他们所控制的自然元素展现面貌的方式。这种特点一直延续到今天：建筑可以帮助我们与朋友、邻居和游客建立联系，并让我们在社会地位中找到认同感。

这本书将帮助你理解建筑发展中的一些主要变革，以及促成它们的概念、物质和社会条件。虽然它并没有提供一个明确的清单来确定任何给定的建筑是属于哪个流派的，它确实表明了建筑师可以如何使用一种特定的美学来解决实际问题，同时表达他们的想法。

流派没有单一的定义。例如，一些建筑师和建筑可恰当地属于不止一个类别。在这里，我们将流派分为五个互相独立的基本类型。有些在很长一段时间内保持相对不变，比如儒教主义，反映了中国建筑传统兼收并蓄和孔子倡导的静态社会秩序，而不是中国实际的政治历史。其他如印度主义，跨越了类似的时间框架，但更多的是指一种建筑传统既依赖于变化，也依赖于停滞的适应和吸收。更多的流派反映出，想法的出现，或者至少是被建筑师采纳的速度之快，只会在10年或20年内被更新的、更受欢迎的流派所取代。最后，各种流派可以共存，即使是明显相互矛盾，如纪念性都市主义和中世纪主义，都在应对19世纪的相同挑战。

在19世纪中期之前，建筑师并不认为自己是在实践一种特定的流派。他们没有意识到建筑内部的这种区别，尽管不同的建筑师和他们所代表的运动之间有明显的差异。但从19世纪30年代起，建筑越来越政治化，风格的选择也越来越意识形态化。到20世纪初，被定义为某一特定运动已成为一种惯例。然而，最近，建筑师再次开始抵制这种分类。

五种流派

1 广泛的文化趋势

如：人文主义、新古典主义

　　这些流派是指一般的文化运动在建筑中产生特定的转变，或者，更偶然的情况是建筑运动设置了新的文化标准。它们在其他艺术领域几乎总是有相应的运动，而且之间可能有相当多的相互影响。尽管这些流派的存在时间可能不长，但它们的特点是相似的思想在广泛和同时地传播。

2 建筑师界定的运动

如：纯粹主义、构成主义

　　这些流派大多可以追溯到19世纪和20世纪。在这些时期，许多建筑师发现界定自我和自己的想法越来越重要。条件允许的话，他们会与其他建筑师联合起来，在任何其他当代运动中维护自己的价值，通常也通过发表宣言来维护过去的价值。尽管这些流派经常具有雄辩的修辞特征，但往往缺乏定义不明确流派的思想传统的深度。

3 回顾型标签

如：前古典主义、矫饰主义

　　这一标签对历史学家来说是一个福音，因为这能帮助他们组织那些在当时看来可能随机且无关的事件。例如，克诺索斯的建造者很难想象到自己是前古典主义的建筑师。要做到这一点，他们需要一个还不存在的古典主义概念。但不可否认的是，当时人们的信仰和实践促成了古典主义的形成，古典主义在其各种表现形式中一直是最具影响力的单体建筑风格。因此，回顾性的标签是理解趋势如何随着时间的推移而整合、消解和演变的重要工具。

4 意识形态的表征

如：虔敬主义、极权主义

　　所有的艺术都或多或少具有表达一种意识形态的潜力。然而，建筑与意识形态之间的关系是独特的。当然，当建筑真正成为建筑物时，就会需要有人买单。建筑作品的规模越大，其背后的个人可能就越富有和强大，因此，他或她就越关心自己想法的传播。

5 区域或国家的趋势

如：日本神道教、乌托邦主义

　　在技术发展使远距离运输材料成为可能之前，并且可以人为地改变建筑内部的气候之前，建筑几乎无法与周围环境割裂开。特定社会、特定气候和地形的思想和信仰，以及即时可用的本土建筑材料之间的相互作用，往往会产生有辨识度的建筑传统，即将其描述为顺应区域或全国的趋势。在19世纪，这样的历史传统常常与更大的国家认同问题联系在一起。

BCT 符号是用来概括和区分在引言中五种不同类型的流派。你可以一眼就看出一个流派是一种广泛的文化趋势（BCT），是一种由建筑师定义的运动（ADM），是一种回顾型的标签（RAL），一种意识形态的表征（RI），或是一种区域或国家的趋势的代表（RNT）。

简介

每个流派的第一部分是对该流派的主要特性的简要介绍。

主要建筑师

与该流派相关的最重要的建筑师的名录。由于缺乏关于古代和文艺复兴前的信息，第一部分中省略了这一内容。

关键词

这些词总结了与该流派相关的关键概念、风格或事件。关键词提供了一幅关联图，可以帮助你快速绘制一个流派的表格并更容易地回忆它。

主要定义

主要定义比简介更深入地探讨了这个流派，解释了它的意义、历史和思想、方法或风格特征，区别于或相关于其他流派。

主要建筑

每个流派都用一个或两个有代表性的建筑来说明。这些建筑例证了本文其余部分所描述的该流派的主要特征。

发明主义 （RAL）

不得不在有特点的基础上建造圆顶，并想出了巧妙的施工技术。徐死之圣母大教堂在1436年建成将成为欧洲最大的圆顶教堂。他研讨多解决方案都颇具争议的。但他的成功表明，新颖的、经验推导的建筑设计方法正可以产生参考先例所不能实现的革新结果。

布鲁内莱斯基基本上是通过创造和实验将古典秩序应用于解决特定的问题上的。他的育婴室（Ospedale degli Innocenti，1419—1424年）的柱廊比他年轻时建造的佣兵凉廊（Loggia dei Lanzi）更具说服力。而圣洛伦佐大教堂（San Lorenzo）和至灵教堂（Santo Spirito）中将古典元素融入了传统哥特式教堂的规划中。他的朋友马萨乔和多那太罗（Donatello）以类似的方式重新定义了绘画和雕塑。而他的追随者米开罗佐・迪・巴尔托洛梅奥在自己的美第奇宫（Palazzo Medici，1444—1459年）中开创了文艺复兴时期宫殿的设计的先例。为一种最重要的文艺复兴的建筑类型加入了秩序和对称。

在文艺复兴时期，实验和科学探索的传统一直延续到古典学习的复兴时期。达・芬奇对飞行器和人体等问题的探索达到了顶峰。他的笔记中包含了一些罕见的调查，这些调查后来成为文艺复兴鼎盛时期的标志——中心化平面教堂。

主要建筑

花之圣母大教堂（Basilica di Santa Maria del Fiore），意大利，菲利波・布鲁内莱斯基，1418—1436年
布鲁内莱斯基设计的巨型圆顶不可否认地是大胆创新。这座中心化平面哥特式教堂的规划与构造仍然采用哥特式的肋架拱、尖顶拱和尖拱，但整个圆顶结构在全新的技术程序中建成。

美第奇宫，佛罗伦萨，意大利，米开罗佐・迪・巴尔托洛梅奥，1444—1459年
米第奇家族是一个富人和艺术赞助者，在15世纪的佛罗伦萨。这座宫殿融入了一种古典的理性主义。在社立面、城内幕与门窗在社会建筑思想的顶点。这些建筑物是佛罗伦萨最受欢迎的住宅之，因其古典建筑物融入社会建筑思想的顶点。它们代表了一种古典的典雅人文化的顶点。而且它们是佛罗伦萨重要的新建筑和文化的标志。

其他建筑

意大利 商店运营，佛罗伦萨，1376—1382年 洗礼洗入口门佛罗伦萨，洛伦佐・吉贝尔蒂，1401—1424年 海柱门大教堂，佛罗伦萨，米开罗佐，1419—1424年 巴齐礼拜堂（Pazzi Chapel），佛罗伦萨，布鲁内莱斯基 1429年 至灵教堂，佛罗伦萨，菲利波・布鲁内莱斯基 1445—1481年

在文艺复兴早期，作为古典发展的新重点，探索和实验非常重要，这种发明精神帮助人们将对建筑的认识与建造技术转变为它们所继承的比拟角色和象征意义。透视法改变了绘画的范围，使之成为绘画的表现形式，而发明样主义也为之解放。

菲利波・布鲁内莱斯基（Filippo Brunelleschi），洛伦佐・吉贝尔蒂（Lorenzo Ghiberti），米开罗佐・迪・巴尔托洛梅奥（Michelozzo Di Bartolommeo），莱奥纳多・达・芬奇（Leonardo Da Vinci）

创新，实验，挑战；新颖性；施工工艺

到15世纪，佛罗伦萨的富裕程度已经足以使那里的人们尝试以前不可能的事情。它最伟大的象征，也是整个佛罗伦萨文艺复兴的象征，是菲利波・布鲁内莱斯基为花之圣母大教堂设计的圆顶。1296年，这座跨特式建筑开始动工。1418年，横跨42米（138英尺）意的交叉甬道（中殿和耳室之间的交汇处）的圆顶等待解决。布鲁内莱斯基一名全职。但研究过古罗马建筑，为了完成任务，他

结构整体主义、新古典主义、人文主义；理想主义，最特征建筑探学

中世纪确解，区迪克风格等；古典式风格

其他建筑

这份清单是对主要建筑的补充。其他建筑也是该流派的优秀示例，如果地理位置上可能靠近其中一个或另一个关键建筑，就可以一次参观一个流派的作品。

 ### 相关内容

各种流派之间通常是相互关联的。下面列出的内容也与正在讨论的流派有共同的观点、想法或方法。

 ### 对立内容

这部分介绍的内容和该流派通常是对立的，或基于相互排斥、互不相容的假设、方法或思想。在"对立内容"下面列出的流派，在某种程度上，与正在讨论的流派相反。

本书的其他资料

建筑语汇表

这是一个按字母顺序排列的建筑列表，给出了地点和日期，每个建筑都是其归属的流派中最典型的例子。请注意，该列表并不详尽，也没有涵盖这些国家的所有建筑。

建筑师名录

为便于参考，我们将被认定为关键建筑师的艺术家按字母顺序列出。建筑师名录还包括建筑师的出生和死亡日期，以及与建筑师最密切相关的主义。

术语表

术语表包括在流派的定义中使用的技术术语（如crossing指中殿和耳堂的交汇处），以及定义中未使用的一般术语（如新兴技术）。但当你参观建筑物或在其他地方读到有关它们的更详细信息时，你可能会遇到这种情况。

建筑流派年表

此年表显示了书中所有流派的起始阶段。区域和国家趋势这个类别往往是持续时间最长的。其中一个原因是，它们通常是特定文化适应其居住地气候和地理方式的一种体现，而这些根深蒂固地反映在他们的文化传统中。即使当他们拥抱变化的时候，这些主义也对国家身份和社会结构有着强烈的影响。出于同样的原因，总体上，广泛的文化趋势通常是随着社会变革的步伐而变化的。这两种类型的流派很可能比建筑师自己（一个建筑师或一组建筑师）为特定目的所定义的流派更持久。代表特定意识形态的流派可能是短暂的，也可能是长久的，这取决于意识形态的持续时间。它们有时会重现，尽管这并不一定意味着原始风格的复兴。

同样，历史学家或批评家可以创造一个新的术语来定义一个可研究的课题，并将其与关于当代运动及其之前或之后的运动区分开来。

参观地点列表

这里给出了可以找到特定流派例子的大致位置。这份清单绝非详尽无遗，相反，它是游客可以在世界主要城市看到的建筑风格的选择之一。

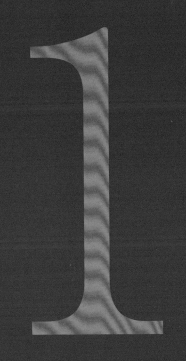

1

古代 &
文艺复兴之前

尽管有相似之处，比如依靠有利的自然因素、出现食物供应过剩现象，早期文明往往彼此独立地出现，并发展出不同的特征。然而，古中东的文明如此接近，以至于它们从很早的时候就开始互相影响，最终被促成并受到希腊古典主义影响。

纪念碑性；保存；纪念；奴隶劳动；文明

在公元前3000年至公元前2000年，气候条件和来自古中东地区河流的充足水资源，为众多文明的发展提供了必要的稳定条件。其中最具影响力、持续时间最长的是埃及，在那里，尼罗河有规律的洪水使两边的沙漠变得肥沃。人类从很早的时候就在这里定居，他们的人工制品逐渐变得越来越复杂、精细，直到第三个千年开始，他们开始

建造建筑，那些废墟被保存至今。最值得注意的遗迹是古墓和寺庙，它们反映了古埃及的神权政治基础。这些产物的演变也让我们洞察到国王和祭司之间权力平衡的变化。

金字塔是人们最熟悉的埃及遗迹，从公元前3000年早期的第一个金字塔发展而来，在大约公元前2500年完工的吉萨大金字塔（Great Pyramids of Giza）达到金字塔建造技术的顶峰。这些皇家陵墓象征着法老从凡人过渡到神的过程。公元前2000年之后，出现了一系列寺庙，比如卡纳克的阿蒙（Amon）神庙。阿蒙王朝在历代国王的统治下建立了数百年，它是特定信仰演变的纪念碑，而不是单个君主的纪念碑。从自然中衍生出装饰的柱子等特征又具有象征意义，预示着古典主义。然而，在19世纪的古埃及，丧葬纪念碑的主导地位导致了它与死亡的普遍联系。

在美索不达米亚也发现了类似时代文明的痕迹，两大主要河流底格里斯河和幼发拉底河及其各种支流滋养了无数从未被埃及统一或延续的小国家。许多建筑物是用晒过的砖建造的。然而，这些以庞大的体量和厚重的墙壁为标志的纪念性建筑，逐渐有了复杂的表面装饰，从公元前4世纪开始，就像在埃及一样，与希腊新兴文明的互动越来越多。

主要建筑

↑ **大金字塔，吉萨，约公元前2631—前2498年**

左起：孟卡拉（Mykerinos）、卡夫拉（Chephren）和胡夫（Cheops）

胡夫金字塔可以说是历史遗留下来的最著名、也是最大的遗迹，高达近150米。吉萨金字塔是皇家陵墓，其组织结构反映了埃及人对过渡到来世的信仰。它们以罗盘基点为方向，每个面是一个近等边三角形，布局反映了关键星座的排布特点。

伊什塔尔门（Ishtar Gate），巴比伦，美索不达米亚，公元前605—前563年

"人类将会惊奇地注视着"，尼布甲尼撒二世这样描述伊什塔尔门，这是他重建巴比伦城的一部分。釉面砖在这一厚重的砌体上提供了装饰图案，使人联想到伊什塔尔——埃及战争女神和放荡的性欲女神，以及她的神圣动物——狮子。

其他建筑

埃及 左塞尔金字塔（Step Pyramid of Zoser），公元前2778—前2723年；塞奈弗鲁的南北金字塔，达赫舒尔，公元前2723年；狮身人面像，吉萨，约公元前2600年；卡纳克的阿蒙神庙，公元前1530—前323年；卢克索神庙（Temple of Luxor），公元前1408—前1300年。

美索不达米亚 乌尔大神塔（Ziggurat and Precinct of Ur），重建于公元前2125年；阿舒尔、尼姆鲁德和霍萨巴德城市，公元前1250—前700年。

 前古典主义；前哥伦布主义；印度主义；儒教主义；崇高主义

 哥特式经院哲学；洛可可风格；新古典主义；理性主义

🕐 几千年来，印度建筑与地方和本土的传统以及外国影响相互作用，对文化的继承显示出一种非凡的能力，即从一种传统中吸收思想，并将其改造以适应另一种传统。这带来了非凡的建筑多样性，尽管如此，它描绘了次大陆丰富的文化历史。

🕐 文化的合成；砌筑；印度教；佛教；伊斯兰教

⚫ 建筑适应于这个幅员辽阔、人口稠密的次大陆。在印度，不同地区的文化差异很大，并显示出许多互相影响的痕迹。现代巴基斯坦的印度河孕育了世界上最古老的文明之一，从公元前3000年中期到公元前2000年早期达到了一个高峰。它催生了几个大型城市定居点，并在河谷及其支流远处留下了痕迹，尽管文字记录很少且难以辨认。随后，大约从公元前4世纪开始，随着城市交流强度的增加，印度建筑表现出了吸收外国影响的非凡能力，并不断演变，在此过程中新观念与本土或既定习俗相互适应。

这一点在宗教建筑中尤为明显。作为印度古老的宗教之一，印度教是随着宗教实践从祭祀仪式转向崇拜而出现的。它的早期建筑来源于晦涩的数学公式，只有占统治地位的祭司阶层才知道。佛教和耆那教的兴起部分是对这种神权政治的反应，他们的宗教实践需要一种新的建筑。佛教引入了集体敬拜，要求不同的空间来实现个人的印度教信仰，也发展出了佛塔（或托普），这是一个供奉实现佛教目的的人的骨灰的神社。这些需求的满足提供了接受来自波斯甚至希腊古典主义的外国影响的动力，这些影响是通过公元前4世纪亚历山大大帝到达印度的。

从公元12世纪开始，伊斯兰教的到来令印度建筑这种进化特征开花结果。而伊斯兰教关于自然主义表现的规定对装饰有深远的影响，将建筑传统与宗教实践相结合的倾向继续存在。在新首都法特普尔西克里（1569—1580年），莫卧儿王朝的阿克巴皇帝将伊斯兰教、佛教、印度教甚至哥特式的装饰结合在一起，形成了象征性的统一。他的孙子沙贾汗（Shah Jehan）建造了泰姬陵，这是印度和伊斯兰建筑的缩影。

主要建筑

泰姬陵，印度阿格拉，1630—1653年

嵌饰其中的闪闪发光的白色大理石上镶嵌着彩色的石头。周围环绕着一个正式的花园，泰姬陵是沙贾汗对他最爱的妻子泰姬·玛哈尔（Mumtaz Mahal）的爱的致敬。

作为最伟大的莫卧儿陵墓，它既是最熟悉的印度建筑作品，也是融合各种传统和影响的能力的体现。

风之宫（Hawa Mahal），斋浦尔，拉贾斯坦邦，印度，1799年

这座建筑是王宫的城市宫殿的一部分，被称为风之宫。这里虽然为印度教拉其普特王子所使用，其中的贾利（或者说回纹装饰）是莫卧儿的创新。它的主要目的是允许甚至加速建筑内部的空气流动，而不暴露室内的景观，使其适合成为女性居所。

其他建筑

印度 摩亨佐-达罗（Mohenjaro-daro）和哈拉帕（Harappa），印度河流域，公元前3000年中期；顾特卜塔（Qutb Minar），德里，1199年；法塔赫布尔西格里（Fatehpur Sikri），阿格拉，1569—1580年；胡马雍陵（Humayun's Tomb），德里，1585年；琥珀宫（Amber Palace），拉贾斯坦邦，1623—1668年；简塔·曼塔天文台（Janta Manta），斋浦尔，拉贾斯坦邦，1726—1734年

印尼-高棉主义；儒教主义；伊斯兰教主义；地域主义

新古典主义；社团主义

◑ 克里特岛的米诺斯文化曾被认为是一种神秘而独立的文明，与邻近文化没有联系，而现在有压倒性的证据表明它及其在希腊大陆上的迈锡尼文化是希腊古典主义的先驱。尽管在建筑上有所不同，但这些建筑同时伴随着古典神话和语言的最早萌芽而发展。

◕ 蛮石圬工；坟墓；国防；城邦

● 在20世纪50年代，米凯尔·文特里斯（Michael Ventris）证明了在克里特岛的克诺索斯宫殿里的众多牌匾上发现的古希腊的B类线形文字，是古希腊早期的一种方言。这为早于希腊化的古典主义在地中海东部各种文化的新解释打开了大门，并表明它已经从这些文化中衍化出来。其中值得注意的是横跨希腊岛屿和大陆的爱琴海文化遗址，如克诺索斯和迈锡尼，它们繁荣于公元前第二个千年中期，其历史和文明的某些方面在

荷马的《伊利亚特》（*Illiad*）和《奥德赛》（*Odyssey*）中得以保留。

建筑与装饰之间的关系，以及那些幸存下来的原始古典建筑的用途，在许多方面与希腊化的古典主义时期的建筑不同。主要的遗迹是经过长期演变而成的宫殿建筑群和坚固的城堡。其中有不同的开放和封闭空间，强调的似乎是围墙和室内，而不是建筑的外部，如在公共空间的古典寺庙。

规划似乎遵循实际而不是抽象的几何图案。大多数建筑都是纯砖石结构，而内部粉刷是最常见的装饰形式。然而，除了表明空间可能被如何使用，这与建筑或建造工程几乎没有关系，除了极少数情况，如迈锡尼的狮门（Lion Gate）。在这里，刻着狮子的石头被放置在一根柱子的两侧，支撑在开口上方的门楣上，创造了一种象征性的标记，可能会为建筑的某个重要元素（比如入口）增添仪式或神话意义。虽然更为粗糙，但这预示着古典主义中建筑、装饰和功能之间的平衡。

主要建筑

← 米诺斯王宫（Palace of King Minos），克诺索斯，克里特岛，希腊，公元前1400年以前
所谓的克里特岛的米诺斯文明是希腊古典主义的先驱。正如发现其碑文的B类线形文字是古希腊的一种古老形式所证明的那样。同样也受到埃及的影响。宫殿标志着古代地中海东部文明之间的交流。

↑ 狮门，迈锡尼，希腊，约公元前1250年
在希腊古典主义达到高潮的大约800年前，蒂林斯的城堡提供了一些关于其早期发展的线索。虽然是由大量的、基本没有装饰的砖石建筑建造而成的，但形成主入口的巨大过梁为三角形装饰板留出了空间。这在后来的希腊建筑中成为一个重要的特征。

其他建筑

希腊 斐斯托斯宫（Palace of Phaestos），克里特岛，公元前15世纪；阿特柔斯宝库（Treasury of Atreus），迈锡尼，公元前1300—前1200年。

 前古典主义；希腊化的古典主义；古典主义；崇高主义

 哥特式经院哲学；洛可可风格

借鉴了希腊文明的总体成就，希腊化的古典主义为建筑表达引入了新层次的巧妙。特别的是，它通过将人们熟悉的现象（如重力）与对古典神话的描述相结合，使神话信仰似乎与日常经验相关，这种联系强化了社会信仰体系植根于现实的观念。

秩序；比例；横梁式结构；卷杀；布局；城邦；牺牲；仪式

尽管当时有更宏伟的建筑和更伟大的工程技术，当帕台农神庙于公元前5世纪中叶建成时，没有一座神庙拥有能与之比拟的象征、文化和智慧力量。从那以后，希腊化的古典主义几乎吸引了每一代人，开创了一项持续了大约2500年的传统。它表明，尽管规模和技术创新很重要，但这些不足以赋予建筑作品最高的地位。要实现这样的地位，建筑必须与智慧和情感互动。

古典柱式（多立克柱式、爱奥尼亚柱式和科林斯柱式）是希腊建筑的关键。它们的起源在神话中消失了，但它们有精确的比例和装饰规则，这意味着它们能够对文化传统和信仰做出诱人的暗示，同时也受到知识的约束。

主要建筑

← 帕台农神庙，希腊雅典，伊克蒂诺斯，公元前447—前432年
神庙外部采用圆柱，两端都有山形墙，这样的古典庙宇可能起源于原始建筑，但到了公元前5世纪，它已经变得非常复杂。每一个元素都反映了它的功能，同时具有象征意义的联想，并通过巧妙的塑造来纠正视觉错觉。

许多特征都表现出这一特点：例如，柱子稍微向外膨胀，就像被压扁一样，因为它们从柱座开始向上，到柱头逐渐变细，从而表达并执行承载功能。在神话中，多立克柱式象征着人类，爱奥尼亚柱式则象征着女管家，而科林斯柱式则象征着处女。因此，秩序的规则和传统将简单的引力事实转化为人类的状况。

虽然顺序不同，但它们都在事实和暗示之间取得了平衡。例如，帕台农神庙的多立克风格的中楣穿插着三角图案的墙面：前者是对木梁末端的风格化表现，指的是原始的木质结构；后者是雕刻出来的，通常展示神话中的场景。

其他建筑

希腊 奥林匹亚，公元前590年；科林斯，公元前540年；德尔斐，公元前510年；赫淮斯托斯神庙（The Thesion），雅典，公元前449—前444年；胜利女神神庙（Temple of Nike Apteros），公元前427年；厄瑞克忒翁神庙（The Erechtheion），雅典，公元前421—前405年

意大利 各种寺庙，塞利努特，西西里岛，公元前550—前450年；帕埃斯图姆神庙（Temples of Paestum），那不勒斯附近，公元前530—前460年；各种寺庙，阿格里真托，西西里岛，公元前510—前430年；塞杰斯塔神庙（Segesta Temple），西西里岛，公元前424—前416年

前古典主义；罗马古典主义；新古典主义；日本神道教

基督教古典主义；哥特经院哲学；印尼-高棉主义

塞杰斯塔剧院（Segesta Theatre），西西里岛，意大利，公元前3世纪

戏剧帮助古希腊人接受了自然的力量，剧院的布景和在里面演出的戏剧一样重要。聚焦在舞台上的弧形座椅是典型案例，非常适合仪式性的表演。它的直径为63米，虽然很小，但它与人类戏剧和自然之间的象征性联系仍然显而易见。

建筑是中国文化的一个统一特征表现，尽管中国各地距离遥远，气候和景观也存在巨大差异，但建筑形式差异不大，这种稳定性在一定程度上源于儒家对社会和道德秩序的强调。

秩序；和谐；宇宙；权威；祖先崇拜

儒家哲学认为秩序和等级高于一切，几千年来，它对中国文化的广泛影响，帮助中华文化保持了在广袤领土和众多民族之间显著的同质性。它对建筑的影响体现在不同时代建筑之间的强烈连续性，反映了静态的信仰体系，以及建筑形式和城市规划传达的儒家思想的宇宙观。罗盘上的每一个基点都有一个神秘的意义，这有助于安排各个相互关联的功能，是风水的基础。

儒家的宇宙观和等级观念融合在一种信仰中，即皇帝是天子，理应得到绝对的服从。因此，儒家思想认为寺庙和宫殿非常重要，尤其是那些象征着帝王与天地之间联系的建筑。单个建筑和整个城市都有相同的规则和秩序的基本规划原则。城市之外的风景引人注目、变化多端，但横跨众多水道的桥梁往往采用大胆的建设，是之前帝国不同地区之间交流的证据。屋顶是中国建筑中最重要的元素，经常精心设计成独特的上翘屋檐。

建筑首先建造的是框架，框架决定了柱子的位置。木材是最常见的建筑材料，除此之外还有砖、瓦，在一些容易找到石头的地方还会用石头。在18世纪，当欧洲游客开始定期访问中国时，具有异国情调的建筑与壮观的风景的结合成为新美学思想的重要灵感来源。

　　社会和政治的稳定使中国吸收了外来的影响，其中最重要的是佛教，但从早期开始，贸易，特别是丝绸贸易，带来了与欧洲的接触。凡是不能被吸收的东西都被认为是野蛮的，阻止野蛮人进入中国就产生了中国建筑中最大的一项壮举——长城。从公元前214年开始，为了保护中国的北部边境，长城分阶段修建。

主要建筑

← **中国的长城，公元前214年**

长城沿中国古代帝国的北部边缘自然地形而建，延伸万里。它不仅是一项巨大的事业，也有力地证明了文明和野蛮之间的区别，展现了无论其他地方发生什么，都要严格保持国界的需求。

↓ **天坛，北京，中国，1420年**

这个建筑群是皇帝安抚天庭的地方，创造了一种加强儒家社会的象征性联系层次结构。圆形祈祷厅（右边）代表了中国传统的木结构和象征意义，28根柱子代表28个星宿，以及月份和每天的时段。

其他建筑

公元117年，北京房山，南塔；公元701—705年，陕西长安，大雁塔；故宫，北京紫禁城，1407—1420年

印度主义，印尼-高棉主义；
日本神道教；异国主义

希腊化的古典主义；哥特式经院哲学

虽然罗马人与希腊人有很多共同的信仰，但罗马人承担着管理并为一个庞大帝国服务的任务。他们的社会不可避免地变得更加复杂，需要在更多的地点有更多类型的建筑，可以执行更多的任务。

帝国；权力；拱；穹顶；室内

除了使用相同的多立克柱式、爱奥尼亚柱式和科林斯柱式的柱式，罗马建筑与希腊建筑大相径庭。希腊城市的选址通常被认为具有象征意义，而罗马城市通常来源于军营的网格式规划。在建筑和装饰上，这两种形式的建筑更加不同。罗马建筑引入了拱门，最终还引入了穹顶，使得更多的类型和更大的空间成为可能。这打开了一扇通往空间组合复杂的建筑的大门，如卡拉卡拉浴场（Baths of Caracalla）和哈德良别墅（Hadrian's Villa）。

罗马建筑还将秩序与自由结合在一起，这种自由会令希腊人感到震惊，因为它挑战了他们静态的世界观。例如，罗马斗兽场是希腊人从未想到的巨大建筑，它的平面图是一个椭圆形，四层各有不同的柱式，从多立克柱式到爱奥尼亚柱式再到科林斯柱式，后来又增加了一个复合柱式。较低的三层结合了半柱和拱门。

作为一个比希腊城邦更复杂、更广泛和更持久的实体，罗马帝国需要更多的建筑类型，也必须克服重大的工程挑战，如修建道路和运输水源。

此外，需要打造一些纪念不同事件和仪式的建筑物，比如庆祝帝国胜利的凯旋门。

总之，罗马建筑失去了希腊化的古典主义强烈捕捉到的自然、社会和神话之间的紧密关系，但其更自由的形式和构成揭示了古典主义如何适应不同的社会和目的。

↑哈德良别墅，蒂沃利，意大利，公元124年

罗马建筑反映了其帝国的异质性，而这个皇家别墅有意识地寻求代表其不同的传统，几乎成了这个世界的一种标志。岛上的别墅（如图）被各种形状的房间包围，所有的房间都由中央的圆形柱廊统一。

其他建筑

意大利 马切罗剧场（Theatre of Marcellus），罗马，公元前21—前13年；庞贝古城，公元79年被摧毁；提图斯凯旋门（Arch of Titus），罗马，公元82年；万神殿，罗马，公元118—26年；灶神庙（Temple of Vesta），罗马，公元205年；卡拉卡拉浴场，罗马，公元211—217年；罗马广场，公元前1世纪至公元4世纪

主要建筑

- 罗马斗兽场，意大利，公元70—82年

一个巨大的椭圆形，近200米长，周围环绕着带有80个开口的墙壁，除了野兽、角斗士和受害者，斗兽场可以容纳5万名观众。它的复杂结构适应了古典秩序，并与拱廊相结合，显示了罗马建筑的不朽，部分原因是为了加强帝国政权。

希腊化的古典主义；基督教古典主义；崇高主义

日本神道教；哥特式经院哲学

哥伦布发现美洲大陆之前，美洲有几种不同的文化在欧洲的征服下结束，但没有被完全抹去。在20世纪，通过唤醒人们对其文化价值和考古发现的兴趣，这些文化对当代建筑思想产生了一些影响。

纪念碑性；宗教仪式；牺牲；宇宙观

在公元1500年前不久，欧洲人到达美洲大陆之前，美洲至少发展了两种重要的建筑传统。在中美洲，玛雅文明从早期的奥尔梅克文化演变而来，并在众多的阶梯式金字塔寺庙中留下了印记。这些寺庙通常设置在区域内，以强调其不朽的品格。阿兹特克人发展了玛雅的建筑形式，并使其适应新的、令人毛骨悚然的宗教仪式。用于所有重要建筑的石雕虽然复杂，但范围有限，例如，当时还没有拱门，随着风格化和几何雕刻的发展，支撑结构发展到了一个高度。

再往南，在现代秘鲁大致所在的地区，印加文明在1532年西班牙征服前的千年里繁荣昌盛，它发展成为一个高度集权的帝国，有着严格的社会等级秩序。它的主要建筑遗迹反映了印加（皇帝）与太阳神有关的信仰。在特定的时间捕捉阳光来纪念重要的仪式是印加建筑的一个重要特征。印加建筑通常装饰朴素，但以精美的砖石建筑为标志。

在太平洋和安第斯山脉之间的狭长地带，土坯砖是最常见的材料，而山区的石头则更为丰富。工程是印加建筑的重要组成部分，包括帮助管理庞大帝国的道路建议，以及在山坡上凿出尽可能多的可耕种土地。

普韦布洛印第安人在现在的美国西南部发展了一种简单得多的建筑传统。虽然他们经常使用泥砖，而泥砖随着时间的推移会被冲走，但新墨西哥州的普韦布洛博尼托（约900—1200年）的巨大住宅综合体使用的是精心打磨的当地石头。

主要建筑

→ **马丘比丘（Machu Picchu），秘鲁库斯科附近，约1500年**
在1532年西班牙人征服印加帝国前不久，印加人建造了这座壮观的山城。他们的砖石技艺在建筑和山坡梯田上表现得很明显，而建筑朝向太阳的方向反映了其在相互关联的宗教和社会秩序中的作用。

其他建筑

墨西哥 阿兹特克金字塔（Pyramid of the Sun），特奥蒂瓦坎，约公元250年；城堡，特奥蒂瓦坎，公元600年；武士神庙（Temple of the Warriors），奇琴伊察，约1100年；球场，奇琴伊察，约1200年

秘鲁 太阳门（Gate of the Sun），蒂亚瓦纳科，1000—1200年；库斯科，1450—1532年；萨克塞瓦曼，约1475年

前古典主义；原始古典主义；印尼-高棉主义

哥特式经院哲学；新古典主义

↑神庙1号，蒂卡尔，危地马拉，约公元500年
玛雅人使用阶梯式金字塔作为庙宇的基础。这个神庙显示了它们的许多典型特征。只有一段通过10个独立的阶梯，高达30米的台阶可以到达神庙。精致的寺庙结构在巨大的石质金字塔之上强调了不朽的特点。

神道教是一种古老的日本信仰体系，信奉祖先和自然崇拜。它一直对日本文化有着重要影响，为日本吸纳国外的文化影响提供了一个共同的、本土的环境。

明亮；精美；技艺；自然

日本在自然和文化之间寻求极致平衡，这也成为大部分建筑的基础。自然地形创造了山脉、湖泊、悬崖和海洋的壮丽景观，而这种文化上的孤立主义倾向（17世纪早期到19世纪中期，所有外国影响都被排除在外），意味着建筑思想一旦传入，就会独立于其他民族传统而发展。

神道教古老的信仰体系引领了日本人对自然和祖先崇拜的实践，但没有衍生出特定的建筑特征。公元6世纪，佛教从中国传入日本，既推动了建筑的发展，也带来了一种新的建筑方式，这也解释了日本建筑和中国建筑相似的原因。

正如佛教从来没有完全掩盖神道教，所

主要建筑

← **大鸟居（Floating Torii Gate），严岛神社，宫岛，日本，12世纪**
神道教是一种崇拜多神的自然宗教。其建筑力求在人工与自然之间取得平衡。这个入口象征性地将远山和大海连接起来，形成了一个将两者结合到一起的框景。严岛神社由平清盛（Taira no Kiyomori）创建，他当时是日本最有权势的人物。

↓ **桂离宫（Imperial Villa, Katsura），日本，小堀远州，1620年**
智仁亲王是当时的天皇（后阳成天皇）的弟弟，他把10世纪的小说《源氏物语》（*The Tale of the Genji*）作为他的别墅的灵感来源。桂离宫的建筑设计目标是简洁，以及在其直接的环境和景观规划设计的思想方面创建与自然之间的密切关系。在20世纪，欧洲现代主义者将其视为日本传统的精髓。

其他建筑

日本 伊势神宫（Shinto shrine of Kamiji-Yama, Ise），公元701年；平城宫（Imperial Palace, Nara），公元8世纪；春日大社（Kasuga Shrine），公元768年后

 儒教主义；新陈代谢派；
印尼-高棉主义

 前古典主义；希腊化的古典主义；
崇高主义

以虽然日本建筑已经接受了中国的木结构模式，并承认屋顶的绝对重要性，但它也开始发展自己的特色，许多日本媒介的装饰艺术达到了很高的精细程度，而建筑组合开始利用对称和不对称的效果，以及在它们之间创造微妙平衡的可能性。建筑类型开始为特定的日本仪式而演变，如茶道。

这些特征逐渐赋予了日本建筑一种极其精致的构成感。每个元素都有其正确的位置和大小，但依赖于每个组成部分的复杂相互关系，而不是抽象的对称或几何感。这样，自然和社会层级似乎融合在了一起，而后者是前者的产物。

在罗马人将基督教认定为国教时，基督教已经有300年的历史，这一事件对罗马帝国的建筑和城市规划产生了重大影响。在几个世纪的镇压中，基督教的信仰和实践变得更加坚定，但为了防止被发现，他们做礼拜的场所必须保持隐秘，建筑也刻意保持低调。古典建筑无疑是不朽的，但它是从异教信仰演变而来并得到强化的。因此，基督教建筑面临的挑战是开创一个既具有纪念性又具有基督教色彩的建筑风格。

基督教；天主教；正教；教义；殉教史；简洁；丰富的装饰

作为教堂的参考案例，寺庙显然是不合适的，但是罗马帝国的大型圆顶建筑确实与此有关。这些建筑可以为许多崇拜者创造大型的内部空间；其圆形的几何图案可以理解为指的是上帝的统一和完美；它们的形状可以通过灯光效果创造一种神秘感，比如万神殿圆顶顶端的眼窗（公元118—126年），同时也与基督徒所熟悉的丧葬空间有一些相似之处。从6世纪早期开始，巨大的圆顶教堂以本质上的新的形式融入了古典的细节，如君士坦丁堡（新"基督教"的罗马）的圣索菲亚大教堂（Hagia Sophia）和拉韦纳的圣维塔莱教堂（San Vitale），它们广阔的墙面空间为表现虔诚的马赛克装饰提供了一席之地。

当东正教和天主教的基督教传统不可逆转地分裂时，建筑设计开始进一步发展。位于中央的圆顶空间适合东正教的礼拜仪式和神秘活动，其设计达到了顶峰，包括莫斯科的拥有多重尖塔的圣巴西勒教堂（St Basil's Cathedral，1554年）。天主教的礼拜仪式更为规范，它强调神职人员作为天地之间，或上帝与人民之间的中介人的角色。为适应这种仪式，建筑采用纵向布局，在主入口、西面入口和东端的高祭坛之间有一个中殿。到公元1100年，整个西欧已经有很多这样的罗马式教堂，这种"罗马"痕迹是指圆形拱门和残留的古典主义细节。

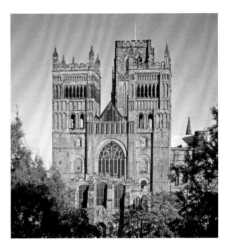

主要建筑

↑ **达勒姆大教堂（Durham Cathedral），英格兰，1093—1132年**
达勒姆大教堂代表了基督教古典主义或罗马式建筑的顶峰，到目前为止，从坚实的外部规模和内部的圆形拱门来看，它还残留着一部分与古代古典主义的联系。

← **圣索菲亚大教堂，伊斯坦布尔，土耳其，公元532—537年**
这座巨大而精巧的教堂是拜占庭式基督教古典主义的巅峰之作。教堂的内部装饰比庙宇更为重要，因此设计者将罗马古典主义的拱门和圆顶与基督教的象征意义相结合，如光明和天堂之路。

其他建筑

意大利 圣斯德望圆形堂（San Stefano Rotondo），罗马，公元468—483年；圣马可大教堂（St Mark's Basilica），威尼斯，1063—1085年；
英国 圣约翰礼拜堂（Chapel of St John），伦敦塔，1086—1097年；圣奥尔本斯修道院（St Albans Abbey），1077—1115年
土耳其 圣谢尔盖和巴克斯教堂（St Sergius and St Bachus），伊斯坦布尔，公元525—530年；科拉教堂（St Saviour in the Chora），伊斯坦布尔，1050年

 罗马古典主义；哥特式经院哲学

 希腊化的古典主义；新古典主义

伊斯兰教建筑的中心是清真寺，它和教堂不同，不是神的象征，而是穆斯林履行义务的工具。因此，它不仅是一个做礼拜的地方，更是一个聚会点和交流思想的场所，将宗教实践融入日常体验。

几何；轴；对称；尖拱；拱顶；装饰

公元7世纪初，伊斯兰教从其中心阿拉伯半岛迅速崛起，横跨中东、北非，经伊比利亚半岛进入西欧。它最伟大的建筑纪念碑远至西班牙和印度都能找到。伊斯兰教建筑直接清晰地表达信息的能力，使其具有广泛的吸引力，并能迅速接触到许多其他文化。

清真寺结合了各种各样的活动，而在西方，这些活动通常被划分到不同的建筑中。尽管清真寺的一般建筑结构根据各个部分完美创造的抽象的概念来寻求平衡，它们倾向于清晰地反映伊斯兰教义，除了要让信徒在祷告的时候面朝麦加，以及要有率领教众祈祷的伊玛目（Imam）所在的壁龛，清真寺还有其他的特定设计。然而，由于宗教原因，禁止表现自然元素意味着装饰趋向于风格化，这为创造性的几何图案留出了空间。因此，伊斯兰教清真寺的建筑特征来自简单，但有时具有装饰性的抽象元素，如圆柱，以及其他文化的尖塔和圆顶。

主要建筑

← 科尔多瓦大清真寺（Mesquita Mosque），科尔多瓦，西班牙，公元785—987年
科尔多瓦大清真寺分几个阶段建造，展示了当地文化是如何被引入伊斯兰教建筑中的，这些变化后来影响了哥特时代。华丽的内部设计重复出现，且富有创造性。一层古典柱支撑另一层，上面有不同程度精心设计的拱门和拱顶。

清真寺的大小各不相同，较大的清真寺通常包括供旅行者使用的学校和住所，这增加了它们作为思想交流和商业交流场所的作用。由此培养出的学术传统意味着伊斯兰教世界有很多东西可以传授给中世纪的欧洲，从古代经典文本的印本到医学和数学等领域的新思想。

↑蓝色清真寺（Blue Mosque），伊斯坦布尔，土耳其，赛德夫哈尔·穆罕默德·阿迦（Sedefkar Mehmet Agha），1610—1616年

随着奥斯曼帝国逐渐取代拜占庭帝国，前者的建筑师将拜占庭东正教教堂的标志性圆顶纳入他们的清真寺中。阿迦的灵感来自所有拜占庭建筑中最伟大的一座——附近的圣索菲亚大教堂，它结合了一系列的圆顶和六个尖塔，营造出一种上升感。

其他建筑

中东 圆顶清真寺（Dome of the Rock），耶路撒冷，以色列，公元684年；阿克萨清真寺（Al-Aqsa Mosque），耶路撒冷，以色列，公元705年；大清真寺，大马士革，叙利亚，公元706—715年；爱资哈尔清真寺（Mosque of Al-Azhar），开罗，埃及，公元970年

西班牙 扎赫拉古城（City of Madinat-al-Zahra）（靠近科尔多瓦），公元936年；阿尔汗布拉宫（Alhambra Palace），格拉纳达，1338—1390年

 哥特式经院哲学；印度主义

 希腊化的古典主义；新古典主义

印度教和佛教启发了重要的东南亚地区的传统建筑。精雕细琢的华美建筑用来纪念各式各样的神像和丰富的宗教文字，建筑的位置和规模也与他们的宇宙观有关。

装饰；秩序；文化交流；宇宙学

从公元前3世纪开始，印度教和佛教将他们的建筑带到了整个东南亚。他们经常与当地土著文化互动，形成了几个不同但相关的建筑传统。其中最重要的是高棉文明，位于现在的柬埔寨的中心。它曾经几乎消失在丛林中，但在过去的100年里，人们发现了它非凡的形式和背景，为视觉文化做出了贡献。

公元9世纪，在一个国王的统治下，不同的高棉国家在随后的600年里，在300平方公里的吴哥地区建造了许多定居点，在12世纪的吴哥窟寺庙中达到顶峰。这是遗址中没有在16世纪和20世纪之间被丛林淹没的一部分。

建筑成为高棉文化中最重要的艺术，因为它是唯一一种能给如此巨大结构的明显功能赋予象征意义的媒介。在吴哥的遗迹中有几个巨大的水库，对供水的控制有助于中央集权。每个水库都有自己的寺庙，通常都是一座被水环绕的岛屿，这赋予了它们实际的宗教意义。

高棉建筑是有宇宙观的。每一座建筑都是宇宙的缩影，通过高度发达的结构和装饰达到的效果唤起了高棉人的创造神话。吴哥窟的中心圣地从一个被同心圆基座环绕的平台上升起，就像须弥山从中央大陆的中心升起一般，而中央大陆又被六大洲和七大洋环绕。一道石墙将这一切围住。每个部分都有一个归属的场所和功能，无论其大规模还是小的装饰特征，而装饰的效果就是加强并通过自然主义的表现，详细阐述每一个神话传达的信息和地位。

主要建筑

吴哥窟，柬埔寨，12世纪早期

供奉印度教神毗湿奴的新庙宇，由苏耶跋摩二世（Suryavarman
II）在吴哥建造。它的中心圣殿，依次被四个较低的圣殿和
一个外围围墙包围，还有四个更远的角楼和一条护城河。吴
哥窟的平面图描绘了同心圆的宇宙观，而众多的表面和壁龛
为神圣文本的雕塑描绘提供了充足的空间。

**肯达利亚·玛哈戴瓦神庙（Kandaraya Mahadev Temple），卡
久拉霍，印度，1017—1029年**

昌德拉王朝在其首都建造了一系列寺庙，肯达利亚·玛哈戴
瓦神庙是其中最大，也是最精致的。这座神庙也显示了宗教
仪式和建筑象征主义之间的关系，影响了整个东南亚的寺庙
建筑，近千座雕像照亮了密宗经文，在内部有一个湿婆林加
的雕像。

其他建筑

印度 卡久拉霍神庙（Khajuraho），寺庙群，9世纪末至11
世纪；坦焦尔大塔和罗阇罗阇希瓦拉神庙（Tanjavur and
Rajarajeshvara temples），9—13世纪
柬埔寨 吴哥公园内的各种遗址，公元802—1431年；神牛
寺（Preah Ko Temple），吴哥窟，公元880年；圣剑寺（Preah
Khan Temple），吴哥窟，12世纪末

 印度主义；儒教主义；哥特式经院哲学；
前哥伦布主义

 希腊化的古典主义；新古典主义

哥特式建筑与古典建筑并不是完全相反的，它在很大程度上借鉴了柏拉图和亚里士多德等古典思想家的思想，其比例与古典时期的建筑有一定的相似性，它的不同之处在于它与基督教神学的关系。

文盲的圣经；天窗；超越性；尖拱；拱顶；彩色玻璃

哥特式教堂被认为是在描绘天堂，尽管早期的基督教建筑也曾尝试过同样的做法，但中世纪更强大的技术力量和新思维将哥特式建筑带到了一个不同的维度。尖拱和肋拱发展自伊斯兰教建筑，从根本上变了结构、外观和功能之间的关系。一堵墙可能会变成细石纹网，而不是坚实的表面，光线可从中透过。

主要建筑

圣礼拜堂（Sainte Chapelle），巴黎，法国，皮埃尔·德·蒙特勒伊（Pierre De Montreuil），1243—1248年

圣礼拜堂是典型的哥特式石骨架结构。其填充空间不是砖石结构，而是彩色玻璃窗。为那些想要寻找它的人讲述了一个故事。窗户也使室内十分明亮，这种明亮创造了一种与室外空间截然不同的氛围。无论它在其他方面还有哪些作用。

↓**兰斯大教堂**（Reims Cathedral），法国，伯纳德·德·苏瓦松（Bernard De Soissons），1211—1290年

作为法国国王的加冕教堂，兰斯大教堂在法国北部的哥特式大教堂中也占有重要地位。它的西线有500个雕塑人物，将圣经故事与法国圣人联系起来。与英国不同的是，法国的大教堂并不依附于修道院，而是与修道院的社会和物质结构紧密结合在一起。

其他建筑

法国 圣德尼修道院（Abbey of St Denis），巴黎郊外，1135—1144年；巴黎圣母院，1163—1250年；沙特尔大教堂（Chartres Cathedral），1194—1260年

英国 坎特伯雷大教堂（Canterbury Cathedral），1096—1185年；林肯大教堂（Lincoln Cathedral），1129—1320年；威斯敏斯特教堂（Westminster Abbey），伦敦，1245年至14世纪末；国王学院礼拜堂（Kings College Chapel），剑桥大学，1446—1515年

 基督教古典主义；中世纪精神；伊斯兰教主义

 希腊化的古典主义；新古典主义；理性主义

结构的每个部分似乎都有特定的功能。墙壁不再采用油漆或镶嵌装饰，而是借助雕刻后的石头元素来表达。

这些技术革新与中世纪的宗教信仰保持一致。天堂有一种地球无法比拟的完美，但数学的纯洁性和光的存在可以传达一种神圣之美。光线通过越来越精致的彩色玻璃窗射入大教堂，不同石肋的大小和关系由数学比例控制，这一时期的建筑似乎可以让人们一瞥人间天堂。

哥特式建筑与经院思想有着深刻的关系，经院思想代表了中世纪研究神学和哲学的主要方法，也是许多欧洲大学的创立原则。它的目的之一是解释完美的天堂和有缺陷的地球之间的联系，因此，越来越复杂的解释手段被开发出来。建筑植根于现实，但似乎也与神圣相联系，通过其富含意义的层次，为宗教体验与日常生活提供了一个基本的工具。

国际贸易促进了文化思想在欧洲的传播，虽然它并没有使欧洲形成单一的建筑风格，但所创造的财富刺激了世俗建筑的出现。在这些建筑最宏伟的时期，其壮观程度可与大教堂相媲美。

商业；国际主义；装饰；发明

在中世纪后期，国际贸易发展到可以为整个欧洲提供一个仅次于罗马天主教会的联系和交流网络，变成统一不同国家和不同边界之间的文化力量。在用来宣扬信息的大教堂、修道院和大学等地方，贸易活动催生了公会、市政厅、市场，到这一时期结束时，还出现了供商人展示财富的豪华住宅。

最初，与大教堂的国际哥特式建筑相比，中世纪的民用和商业建筑更接近于每个地区的本土风格。繁荣的羊毛城镇拥有大量的木结构房屋，如英格兰萨福克郡的拉文纳姆。这些房屋与邻近的农舍的区别在于其精致的装饰，而不在于概念。

但是国际贸易中心，在如佛兰德斯、威尼斯和北欧的汉萨等城市发展出的建筑风格

却完全超越了当地的建筑风格。比利时伊普尔的巨大的纺织会馆体现了从意大利北部到英格兰的羊毛贸易的规模，而通往德国吕贝克（Lübeck）的大门不仅是财富的证明，也是商业城市从皇家权威中独立出来的证明。

这一趋势在威尼斯达到了顶峰。威尼斯创造了自己独特的社会秩序，相比西欧邻国，其文化更接近拜占庭式的贸易伙伴。威尼斯的商业寡头为他们自己的宫殿，尤其是他们的总督府，打造了一种精美的装饰风格。

↑ 纺织会馆（Cloth Hall），伊普尔，比利时，1202—1304年
第一次世界大战后重建的这座134米长的纺织会馆，证明了中世纪后期通过国际羊毛贸易传到伊普尔和佛兰德斯等城市的财富。尽管有精致的细节，但其主要的效果来自简洁和重复，展示了多才多艺的哥特式建筑在表达范围方面的灵活性和对不同功能的适应性。

其他建筑

比利时 纺织会馆，布鲁日，1282年；市政厅，布鲁日，1376年起；市政厅，根特，1515—1528年
英国 市政厅，拉文纳姆，萨福克郡，1530年；十字市场（Market Cross），索尔兹伯里，14世纪

主要建筑

← 总督府（Doges Palace），威尼斯，意大利，乔瓦尼和巴尔托洛梅奥·博恩（Bartolomeo Buon），1309—1424年
威尼斯是中世纪最富有、最国际化的商业城市之一，哥特式建筑为适应其独特的社会结构和水上地理位置，成为一种精致而又精心安排的道德和物质财富的表达方式。在这里，总督府的两层拱廊为创造性雕刻艺术提供了很多机会。

 中世纪精神；维多利亚时代风格；哥特式经院哲学

 新古典主义；崇高主义

文艺复兴时期

在文艺复兴早期，作为古典发展的新重点，探索和实验非常重要。这种发明精神帮助人们将对建筑的认知从建造技术转变为它们所能承载的功能角色和象征意义。透视法完全改变了绘画的范围，使之成为绘画的表现形式，而发明主义则与之对应。

菲利波·布鲁内莱斯基（Filippo Brunelleschi），洛伦佐·吉贝尔蒂（Lorenzo Ghiberti），米开罗佐·迪·巴尔托洛梅奥（Michelozzo Di Bartolommeo），莱奥纳多·达·芬奇（Leonardo Da Vinci）

创新；实验；挑战；新颖性；施工工艺

到15世纪初，佛罗伦萨的富裕程度已经足以使那里的人们尝试以前不可能的事情。它最伟大的象征，也是整个佛罗伦萨文艺复兴的象征，是菲利波·布鲁内莱斯基为花之圣母大教堂设计的圆顶。1296年，这座哥特式建筑开始动工。1418年，横跨42米（138英尺）宽的交叉甬道（中殿和耳堂之间的交汇处）的问题亟待解决。布鲁内莱斯基是一名金匠，但研究过古罗马建筑。为了完成任务，他不得不在哥特式的基础上建造圆顶，并想出了巧妙的施工技术，使花之圣母大教堂在1436年建成时成为欧洲最大的圆顶教堂。他的许多解决方案都是有争议的，但他的成功表明，新颖的、经验推导的建筑设计方法可以产生参考先例所不能实现的美妙结果。

　　布鲁内莱斯基基本上是通过创造和实验将古典秩序应用于解决特定的问题上的。他的育婴堂（Ospedale degli Innocenti，1419—1424年）的柱廊比他年轻时建造的佣兵凉廊（Loggia dei Lanzi）更具说服力，而圣洛伦佐大教堂（San Lorenzo）和圣灵教堂（Santo Spirito）则将古典主义融入了传统哥特式教堂的规划中。他的朋友马萨乔和多那太罗（Donatello）以类似的方式重新定义了绘画和雕塑，而他的追随者米开罗佐·迪·巴尔托洛梅奥在自己的美第奇宫（Palazzo Medici，1444—1459年）中开创了文艺复兴时期宫殿设计的先例，为一种最重要的文艺复兴时期的建筑类型引入了秩序和对称。

在文艺复兴时期，实验和科学探索的传统一直延续到古典学习的复兴时期，达·芬奇对飞行器和人体等问题的探索达到了顶峰，他的笔记中包含了一些最早的调查，这些调查后来成为文艺复兴鼎盛时期的标志 —— 中心化平面教堂。

主要建筑

← 花之圣母大教堂（Basilica di Santa Maria del Fiore），意大利，菲利波·布鲁内莱斯基，1418—1436年

布鲁内莱斯基设计的圆顶不仅俯瞰着大教堂，还俯瞰着城市的天际线，甚至俯瞰着阿尔诺河谷。在此之前，还没有人建造出如此规模的圆顶。布鲁内莱斯基利用自己对哥特式建筑和罗马建筑的经验和知识，发明了新的建筑技术和设备。

↓ 美第奇宫，佛罗伦萨，意大利，米开罗佐·迪·巴尔托洛梅奥，1444—1459年

美第奇家族是一个商人和银行家的贵族家族，在15世纪统治佛罗伦萨。通过这座宫殿引入了一种全新的城市生活概念。在此之前，城市寡头们居住在建筑密集的地区，这些建筑的大小和高度表明了他们的权力和威望。宫殿式建筑在很多方面都不那么实用，但它提供了一个通过古典和人文知识，而不仅仅是规模来展示财富和权威的机会。

其他建筑

意大利 佣兵凉廊，佛罗伦萨，1376—1382年；洗礼池入口，佛罗伦萨，洛伦佐·吉贝尔蒂，1401—1424年；育婴堂，佛罗伦萨，菲利波·布鲁内莱斯基，1419—1424年；巴齐礼拜堂（Pazzi Chapel），佛罗伦萨，菲利波·布鲁内莱斯基监督完成，1429—1446年；圣灵教堂，佛罗伦萨，菲利波·布鲁内莱斯基，1445—1482年

 结构理性主义；新古典主义；人文主义；理想主义；哥特式经院哲学

 中世纪精神；巴洛克风格；洛可可风格

随着大量的罗马遗迹被复制，古典主义的细节和形式永远不会完全从意大利建筑中消失，但在文艺复兴时期，对古典学术的新关注激发了考古学对准确性的关注。人文主义将这种兴趣与新柏拉图思想交织在一起，新柏拉图思想以明确的数学形状和比例为重点。因此，建筑既是一门实用学科，也是一门理论学科。

莱昂·巴蒂斯塔·阿尔贝蒂（Leon Battista Alberti），卢西亚诺·劳拉娜（Luciano Laurana），多纳托·布拉曼特（Donato Bramante）

文艺复兴时期；古典风格；学习；学术；比例；统一；新柏拉图主义

莱昂·巴蒂斯塔·阿尔贝蒂在建筑论文，特别是《论建筑》（Re Aedificatoria）中，他把新柏拉图思想和原型这两条线结合在一起之前，两者已经并存了一段时间。阿尔贝蒂把公民道德看得比一切都重要，这体现了他对古

典世界的致敬。建筑是实现和展示公民道德的一种方式，因此它必须是准确的。新柏拉图思想通过精确的数学秩序表达出来，它能够承载关于人类、社会和他们与神的关系的复杂的想法。阿尔贝蒂使用古典的秩序和形式来建立等级制度：凯旋门标志着教堂的入口，而各种秩序的具体使用不仅可以标志一个重要的建筑，也可以标志其各部分的相对地位。

阿尔贝蒂出生在佛罗伦萨，一生中大部分时间都在教皇宫廷度过，他的思想传播到了意大利北部的许多城市。15世纪晚期，弗雷德里戈·蒙特费尔特罗（Frederigo Montefeltro）在人文主义学习的主要中心之一乌尔比诺建立宫廷，并聘请了画家皮耶罗·德拉·弗朗西斯卡（Piero della Francesca）。他还出资帮助建造了公爵宫（Palazzo Ducale），这座宫殿拥有卢西亚诺·劳拉娜设计的比例优雅的庭院和丰富的艺术收藏。

多纳托·布拉曼特于1444年出生于乌尔比诺，在人文主义的温床中长大。他在米兰和罗马的建筑展示了古典学习和新柏拉图思想的最精致的结合。布拉曼特在罗马开始着手重建圣彼得教堂，并完成了精美的坦比哀多礼拜堂的设计。

主要建筑

← 坦比哀多礼拜堂（Tempietto），罗马，意大利，多纳托·布拉曼特，1502—1510年
布拉曼特将圣彼得受难的确切地点作为传统的纪念，这个小教堂的大小和它的圆形设计是有实际原因的，它的各个方向的强调程度似乎都是一样的，这也遵循了基于柏拉图形式的建筑设计理念，在这里表现为平面和半球形圆顶。

→ 鲁切拉宫（Palazzo Rucellai），佛罗伦萨，意大利，莱昂·巴蒂斯塔·阿尔贝蒂，1446—1457年
阿尔贝蒂在美第奇宫的设计中引入了一个新的维度，通过在立面中加入古典的秩序，从而将建筑师和客户从古代古典原则的复兴中习得的人文主义联系在一起。

其他建筑

意大利 公爵宫，乌尔比诺，卢西亚诺·劳拉娜，1444—1482
年；新圣母玛利亚教堂（Santa Maria Novella）（正立面），佛罗
伦萨，莱昂·巴蒂斯塔·阿尔贝蒂，1456—1470年；圣巴斯弟
盎堂（San Sebastiano），曼托瓦，莱昂·巴蒂斯塔·阿尔贝蒂，
1459年，圣玛丽亚感恩教堂（Santa Maria delle Grazie），米兰，
多纳托·布拉曼特，1492—1497年；圣母玛利亚大教堂（Santa
Maria della Pace），罗马，多纳托·布拉曼特，1500—1504年

 理想主义，新古典主义；希腊化的古典主义；
罗马古典主义

 巴洛克风格；洛可可风格；哥特式经院哲学

文艺复兴时期的建筑师力图通过物质形态和抽象概念的理想化结合来创作出完美的作品。 在他们不能完全控制环境的情况下，这是很困难的，而且新设计与旧设计的结合几乎不可能实现的，尤其是涉及被他们认为是野蛮的哥特式设计的情况下。 很少有人有机会实现 "理想城市"，但几乎所有城市都青睐独立的、通常是中心化平面的建筑。

安东尼奥·菲拉雷特（Antonio Filarete），贝尔纳多·罗塞利诺（Bernardo Rossellino），（老 & 小）安东尼奥·达·桑加罗（Antonio Da Sangallo），朱利亚诺·达·桑加罗（Giuliano Da Sangallo）

比例；统一；中心

安东尼奥·菲拉雷特提出的理想城市斯福尔扎城是以他的赞助人米兰公爵斯福尔扎命名的。 这个城市不切实际的特点体现在 "恶习与美德之屋"（Tower of Vice and Virtue）中，它的底层是一家妓院，顶部是一座天文台。

斯福尔扎城是文艺复兴时期第一个对称的城镇规划，为众多追随者开创了先例。 皮恩扎是少数几个开始施工的村庄之一，教皇庇护二世（Pope Pius II）将他位于托斯卡纳南部的家乡重新命名为皮恩扎。 为教皇的家庭和主教设计的两座宫殿由莱昂·巴蒂斯塔·阿

尔伯蒂的合作者贝尔纳多·罗塞利诺设计，位于大教堂的两侧，围绕着一个对称的广场。市政厅构成了第四面。这表明了宗教、公民和私人利益之间的有序平衡，描绘了一幅理想化的社会结构图景。

主教们被鼓励沿着主街建造他们自己的宫殿，尽管自然地形引入了一些曲线，破坏了宫殿的完美。1464年，庇护的死对皮恩扎的理想城市是一个更严重的挑战。红衣主教们回到了罗马，留下了未完工的宫殿。

尽管理想城市在文艺复兴时期的建筑论文中很常见，但真正开始建造的却寥寥无几。对于大多数建筑师来说，理想主义体现在基于"理想"或柏拉图形式的个体建筑中，这些建筑被认为与神有特殊的联系，特别适合将教堂的祭坛置于中央的形式。这与宗教仪式的惯例相冲突，后者要求会众有一个长长的中殿，面朝祭坛但没有延伸到祭坛所在的位置。纵向规划和集中规划之间的紧张关系造成了难以描述的困境，罗马圣彼得大教堂（St Peter's）的演变就证明了这一点，从布拉曼特的集中规划，经过无数的波折，最终实现了妥协。

主要建筑

圣比亚焦教堂（Madonna di San Biagio），蒙特普尔恰诺，意大利，安东尼奥·达·桑加罗（老），1519—1529年

桑加罗在这座教堂里做了一个柏拉图式的拼盘。它的计划是建造一个希腊十字架，有四个相等的臂，其中一个延伸成半圆形，在交叉处有一个圆柱形的鼓，上方有一个半球形的圆顶（中殿和耳堂的交汇处）。这些纯粹的形式之后被赋予了最细致入微的古典主义细节。

↑ 皮恩扎，意大利，贝尔纳多·罗塞利诺，1458—1464年

文艺复兴时期的建筑理想对城市设计的指导就像对单个建筑的指导一样，教皇庇护二世把他的家乡变成了一个"理想城市"的最完整的例子之一。皮恩扎的教堂两侧是主教和教皇家族的宫殿，面向市政厅，表达了世俗权力和宗教权力之间的关系。

其他建筑

意大利 圣母卡瑟利大教堂（Santa Maria delle Carceri），普拉托，朱利亚诺·达·桑加罗，1485年；文书院宫（Palazzo della Cancelleria），罗马，安东尼奥·达·桑加罗，1486—1496年

 人文主义；新古典主义

 巴洛克风格；中世纪精神；哥特式经院哲学

到了16世纪中叶，恪守文艺复兴的准则显然不能时时奏效，针对一些特殊情况，有必要做出改变。矫饰主义是建筑师在形式和细节上转变并适应古典先例的方式，既是出于实用的原因，也是为了视觉效果。它重新定位了以景观效果和情感反应为导向的，简洁、理性和朴素的人文主义建筑。

米开朗琪罗（Michelangelo），巴尔达萨雷·佩鲁齐（Baldassare Peruzzi），米歇尔·桑米切利（Michele Sanmicheli），雅各布·圣索维诺（Jacopo Sansovino），朱利奥·罗马诺（Giulio Romano），安德烈亚·帕拉第奥（Andrea Palladio）

装饰；自由；幻象；创新的；细节的

当米开朗琪罗在1547年成为罗马圣彼得教堂（第42页图）的建筑师时，布拉曼特最初的设想已经由于许多未完成的返修工作而逐渐变得不再清晰。米开朗琪罗在布拉曼特的修缮计划中增加了第二个45度角的方形空间，创造了一个动态的构图，使他能够将零散的部分结合起来，并创造了足够大的墩柱来承载巨大的鼓座和穹顶。在鼓座中，他将长方形窗户的长边水平放置，而不是垂直放置，并加上了一个外壳和一个檐部，这是一种矫饰主义艺术家将两种构造组合交织在一起的手法。

人们可以从不同的方面来感受矫饰主义。朱利奥·罗马诺在他的杰作得特宫（Palazzo del Te）中使用了一系列与古典规则背道而驰的手法。在得特宫中，壁柱与粗面砌筑相结合，拱门与三角楣饰相结合，节奏交替变化。这个非凡的创意并未脱离古典传统的广义概念，它同

时展示了文学和建筑的思想，并通过其宏伟的内部构造达到思想的高潮。其内部虽然没有使用任何建筑装饰物，却笼罩在一幅描绘巨人推翻古典秩序的画作中。同样，安德烈亚·帕拉第奥也扩大了古典传统，加入了在以前看来并不兼容协调的设计元素。

幻象也是巴尔达萨雷·佩鲁齐设计罗马西莫宫的关键元素。面对场地不规则的问题，他为了给另外两座宫殿挤出一个双层宫殿空间，沿着街道线设计弯曲的立面。背后是通过装饰方案得到加强的一系列幻象，他开创了一个在一个多世纪后的巴洛克时期达到顶峰的设计原则。

主要建筑

→ **巴西利卡，维琴察，意大利，安德烈亚·帕拉第奥，1546—1549年**
帕拉第奥的第一个公共建筑任务是在这个两层拱廊内，将一个现有的大厅融入进去。许多建筑物的规模是由现有的结构预先决定的，为了适应场地条件，帕拉第奥在他的设计中叠加了各种经典的手法（矫饰主义的精髓所在），以产生一种单一秩序不可能实现的灵活性。

其他建筑

意大利 老楞佐图书馆（Biblioteca Laurentiana），佛罗伦萨，米开朗琪罗，1524年；国会大厦，罗马，米开朗琪罗，1546年；得特宫，曼托瓦，朱利奥·罗马诺，1525—1535年；自己的房子，曼托瓦，朱利奥·罗马诺，1544年；马西莫宫（Palazzo Massimo），罗马，巴尔达萨雷·佩鲁齐，1532—1536年；圣马可图书馆（Biblioteca San Marco），威尼斯，雅各布·圣索维诺，1536—1553年；蒂恩宫（Palazzo Thiene），维琴察，安德烈亚·帕拉第奥，1542年；基耶里凯蒂宫（Palazzo Chиericati），维琴察，安德烈亚·帕拉第奥，1549年；圣乔治马乔雷教堂（San Giorgio Maggiore），威尼斯，安德烈亚·帕拉第奥，1566年；救主堂（Il Redentore），威尼斯，安德烈亚·帕拉第奥，1576年

 巴洛克风格；洛可可风格；罗马古典主义；发明主义

 希腊化的古典主义；理想主义；理性主义

16世纪中叶, 罗马天主教会面临在北欧改革后损失权威和希望将西班牙和葡萄牙殖民地合并到其范围的双重挑战, 他们制定了一系列的措施, 称为 "反宗教改革"。虔敬主义描述了这些措施对建筑设计, 特别是教堂设计的影响。

雅各布·维尼奥拉 (Jacopo Vignola), 胡安·包蒂斯塔·德·托莱多 (Juan Bautista De Toledo), 克劳迪奥·德·阿西涅加 (Claudio De Arciniega), 胡安·德·埃雷拉 (Juan De Herrara), 贾科莫·德拉·波特 (Giacomo Della Porta), 多米尼克·丰塔纳 (Domenico Fontana), 弗朗西斯科·包蒂斯塔 (Francisco Bautista)

反宗教改革; 教义

16世纪中叶对罗马天主教教义的重申, 引发了对更多教堂的需求, 并改变了教堂设计的性质。 新的修道会, 如耶稣会, 为了开展传教工作和支持反宗教改革, 需要新的教堂, 而特伦特委员会将教义编纂成书, 并恢复了艺术作为 "文盲圣经" 的古老角色。

绘画和雕塑是为了说明令人振奋的《圣经》故事, 建筑为新的宗教模式提供空间, 从而回归到中世纪拉丁十字平面形式 —— 一个长长的中殿、两个耳堂和一个半圆形后殿。虽然这在文艺复兴的新柏拉图主义的影响下可能不被采纳, 但它实现了人们所期望的神职人员和俗人的分离, 而且长长的中殿为专

主要建筑

 埃斯科里亚尔修道院, 临近马德里, 胡安·包蒂斯塔·德·托莱多和胡安·德·埃雷拉, 1559—1584年

这座庞大的建筑群包括宫殿, 修道院, 学院和教堂, 坐落在荒凉的山区, 由当地坚硬的、难以雕刻成装饰的花岗岩建造而成, 记录了其建造者菲利普二世在心理上受到的朴素苦行的折磨, 以及同等程度的虔诚。 它的格网设计让人想起了菲利普二世最喜欢的圣劳伦斯被活活烤死的场景。

 耶稣会教堂 (Il Gesu), 罗马, 意大利, 雅各布·维尼奥拉和贾科莫·德拉·波特, 1568—1584年

这座教堂的建造者是耶稣会, 他们肩负着新教改革后重申罗马天主教教义的责任, 这项任务也要求在教堂设计上别出心裁地适应文艺复兴时期的原则。 这种尝试将中央中殿两侧的两个较低的走廊统一在一个整体中的方法被广泛复制。

其他建筑

墨西哥 大教堂, 墨西哥城, 克劳迪奥·德·阿西涅加, 1585年
意大利 拉特兰宫 (Lateran Palace), 罗马, 多米尼克·丰塔纳, 1586年; 奥古斯塔圣雅各伯堂 (San Giacomo degli Incurabili), 罗马, 弗朗西斯科·包蒂斯塔, 1590年; 圣安德烈大教堂 (San Andrea della Valle), 罗马, 贾科莫·德拉·波特, 1591年

👁 巴洛克风格; 哥特式经院哲学; 基督教古典主义

🙂 理想主义; 人文主义; 英国经验主义; 乔治亚都市主义

门供奉圣人的侧廊提供了足够的空间。 不幸的是, 即使自由使用矫饰主义也不能说明哥特式教堂的古典主义的西面设计这一老问题已经得到了解决, 而且不出意外, 最初的尝试都显得笨拙, 如耶稣会在罗马的母教堂。

西班牙的穆斯林领土和大量的犹太人口, 充满了反宗教改革的全部政治力量。 在建筑方面, 这导致科尔多瓦宏伟的清真寺中被野蛮地穿插了一座大教堂, 即使是始作俑者查尔斯五世 (Emperor Charles V) 最终也感到后悔。 在西班牙的其他地方, 繁冗的装饰传达着叙事的信息, 掩盖了庞大的笨拙感, 但也有例外, 比如菲利普二世 (Philip II) 位于马德里郊外的简朴而阴森的埃斯科里亚尔修道院 (El Escorial)。 这座宫殿的格网设计被认为是对圣劳伦斯痛苦殉难的永久纪念。

印刷术的产生，意味着文艺复兴时期的思想可以传播得更快、更有效，鼓励了写作，促进了论文的传播，其中最重要的是意大利作家塞巴斯蒂亚诺·塞利奥（Sebastiano Serlio，1475——1554年）。晚年时期，塞利奥也在法国工作，他的思想在16世纪末就传到了英国。无论新思想到达哪里，它们都与当地条件相互作用，创造了丰富的区域差异。

塞巴斯蒂亚诺·塞利奥，多梅尼科·达·科尔托纳（Domenico Da Cortona），菲利伯特·德·奥尔梅（Philibert De L'Orme），罗伯特·史密森（Robert Smythson），约翰·斯迈森（John Smythson），约翰·索普（John Thorpe），西蒙·德拉瓦雷（Simon De La Vallee），雅各

布·范·坎彭（Jacob Van Campen），弗朗索瓦·曼萨尔（Francois Mansart）

适应性；发明；印刷的专著

通过印刷文字，法国和英国的读者可以在文艺复兴时期的建筑美德得到认可和当地建筑行业能够传递它的几十年里，欣赏文艺复兴思想。古典建筑首先出现在整体形式较为传统的建筑的附加细节上，例如，卢瓦尔河谷的城堡或牛津、剑桥的各种学院建筑。后来，塞巴斯蒂亚诺·塞利奥试图在他设计的昂西勒弗朗（Ancy-le-Franc）中实践他的理论，其中有几卷在16世纪40年代和50年代在法国出版。这为法国建筑引入了一种新的秩序和

纪律，尽管对此做出了改变的当地泥瓦匠保留了法国城堡标志性的陡峭斜屋顶和角楼。

在建筑师菲利伯特·德·奥尔梅的设计中，这些特征慢慢演变成一种统一的风格，例如他为逐渐发展壮大的行政人员设计的联排住宅。

新一代的精英为英国建筑做出了类似的贡献，比如伊丽莎白时代的大型乡村别墅，如朗利特（Longleat）、哈德威克厅（Hardwick Hall）和伯利庄园（Burghley），在这些建筑中，屋顶景观把烟囱和女儿墙变成了零碎的柱子和檐部。在英国工作的意大利建筑师中，没有一个能与塞利奥相提并论的，这些房屋的设计责任落到了像罗伯特·史密森和约翰·索普等石匠身上。但是，在这些充满活力、经常创造性地应用古典细节的平面图之下，是文艺复兴时期对称的笨拙解决方案，带有中世纪的特征，如大厅、客厅和长画廊。直到下个世纪，文艺复兴时期的古典主义才全面抵达英国并席卷一切。

其他北欧国家对古典主义的采用也遵循了类似的模式，在当地建筑实践和引进的理念之间进行迭代。

主要建筑

↑ 科尔比厅（Kirby Hall），北安普敦郡，英格兰，托马斯·索普（归属于），1570—1572年

科尔比厅是伊丽莎白一世统治时期新精英建造的大型乡村别墅之一，它综合了哥特式传统和古典主义。科尔比厅融合了米开朗琪罗最初在罗马国会大厦使用的复杂巨型（两层）壁柱，但在这里，它们体现出一种中世纪规划的本质。

← 香波堡（Chateau de Chambord），卢瓦尔河谷，法国，多梅尼科·达·科尔托纳，1519—1547年

在卢瓦尔最大的中世纪城堡平面图中，一股古典的力量似乎要喷涌而出。在立面上有古典的壁柱，而文艺复兴时期的细节在屋顶景观上可与传统的法国炮塔媲美。建筑内部的双螺旋楼梯显示了住在附近的达·芬奇的影响。

其他建筑

昂西勒弗朗，勃艮第，法国，塞巴斯蒂亚诺·塞利奥，1546年；阿内府邸（Chateau d'Anet），卢瓦尔河谷，法国，菲利伯特·德·奥尔梅，1548年；枫丹白露宫（Palais de Fontainebleu），塞纳和马恩省，法国，吉尔·勒·布列东（Gilles Le Breton），1568年；哈德威克厅，德比郡，英国，罗伯特·史密森，1590—1597年；莫瑞泰斯皇家美术馆（Maritzhuis），海牙，荷兰，雅各布·范·坎彭，1633—1635年；贵族之家（House of Nobles），斯德哥尔摩，瑞典，西蒙·德拉瓦雷，1641—1674年

 矫饰主义；英国经验主义；巴洛克风格

 理想主义；人文主义；新古典主义

在巴洛克时期，古典建筑师与文艺复兴时期的人文主义和理想主义决裂。巴洛克的形式更加丰富多样，强调幻觉和奇观，而不是柏拉图式的纯粹理想的体现，源于强化宗教教义的欲望。然而，巴洛克传达非建筑思想的能力使其接触更加广泛的范畴，从数学发展到政治专制主义等。

乔凡尼·洛伦佐·贝尼尼（Gianlorenzo Bernini），弗朗西斯科·博罗米尼（Francesco Borromini），彼得罗·达·科尔托纳（Pietro Da Cortona），巴尔达萨雷·隆盖纳（Baldassare Longhena），卡洛·拉伊纳尔迪（Carlo Rainaldi），瓜里诺·瓜里尼（Guarino Guarini），菲利波·尤瓦拉（Filippo Juvara）

复杂性；运动；情感；幻觉；悬念

巴洛克式建筑诞生于17世纪两位伟大的罗马建筑师：乔凡尼·洛伦佐·贝尼尼和弗朗西斯科·博罗米尼。两者都创造了自由流动和复杂的形式，吸收了古典传统的政治、宗教仪式和实际地形，文艺复兴时期的"纯粹"形式和独立建筑的理想很难吸收这些。

继卡拉瓦乔等巴洛克画家之后，贝尼尼接受了雕刻家的训练，他使用手势和姿势来传达特定情况下唤起的人类情感。他经常结合雕塑人物，有时是绘画，以个性化和添加明确的叙事建筑效果。例如，在罗马的圣安德烈教堂中，圣安德烈的灵魂离开了他被钉在十字架上的身体，在小男孩的帮助下，升入灯笼穹顶的天国之光。甚至圣彼得广场的柱廊也像是双臂环抱，将人类聚集到正统宗教中，这是反宗教改革运动的一个基本目标。

博罗米尼的灵感更抽象，但也有同样引人注目的效果。他利用自己的石雕知识（来自他家族的砖瓦庭院），并注入对几何学的深刻理解，创造出异常复杂的形状。他的杰作四喷泉圣卡罗教堂（San Carlo alle Quattro Fontane）实现了三角形和圆形奇妙的动态统一，将三位一体的象征符号与基督教堂的统一和普世力量交织在一起。

巴洛克风格传遍了整个天主教世界，并在外部产生了一些影响，尤其是对英国圣公会经验主义的影响。但在罗马之外，主要是它的装饰方面，而不是它在空间和结构上的创造性。一个例外是在都灵，瓜里诺·瓜里尼和后来的菲利波·尤瓦拉创作的作品在复杂的理性主义方面堪比博罗米尼的作品。作为一位杰出的数学家和哲学家，瓜里尼的知识是他建筑的基础。他表示，先进的思维可以增加建筑的表达潜力，超越传统的风格规范。

↑ 四喷泉圣卡罗教堂，罗马，弗朗西斯科·博罗米尼，1633—1667年

博罗米尼不是通过融合不同的艺术媒介，而是通过重叠的建筑组合来实现巴洛克式的复杂性。室内设计由三角形、圆形和椭圆形组合而成，每一个都有象征性的共鸣，并在椭圆顶下被统一起来。

其他建筑

意大利 圣依华堂（Sant Ivo della Sapienza），罗马，弗朗西斯科·博罗米尼，1642—1660年；圣彼得广场，罗马，乔凡尼·洛伦佐·贝尼尼，1656年；圣母玛利亚大教堂（西线和广场），罗马，彼得罗·达·科尔托纳，1656—1657年；奇迹圣母堂（Santa Maria dei Miracoli）/圣山圣母堂（Santa Maria in Monte Santo），罗马，卡洛·拉伊纳尔迪，1662年；雷佐尼可宫（Palazzo Rezzonico），威尼斯，巴尔达萨雷·隆盖纳，1667年；卡里尼亚诺宫殿（Palazzo Carignano），都灵，瓜里诺·瓜里尼，1679年，苏佩尔加圣殿（Superga Temple），都灵，菲利波·尤瓦拉，1715—1727年

 洛可风格；崇高主义；哥特式经院哲学，矫饰主义

 理想主义；新古典主义；理性主义

主要建筑

圣安德烈教堂，罗马，意大利，乔凡尼·洛伦佐·贝尼尼，1658—1670年

贝尼尼为耶稣会设计的教堂是建筑与雕塑和绘画之间的巴洛克风格的缩影的见证者，创造了压倒性的视觉效果。祭坛后面的一幅画描绘了圣安德鲁（安德烈）殉难的情景。他的灵魂在一位有着天使形象的人物的向上的姿态的帮助下，通过上面一个破碎的山形墙，升入象征天国的圆形灯笼穹顶。

绝对主义描述的是17世纪和18世纪建立了专制国家的强大的欧洲统治者的建筑风格。 在政治上，他们借鉴了文艺复兴时期的治国方法，19世纪的历史学家雅各布·伯克哈德（Jacob Burckhardt）称之为"国家是一件艺术作品"。 这意味着治国之道的每一个方面都要接受理性的检验，并指出艺术、建筑和政治之间的紧密联系。 绝对主义建筑展示了从文艺复兴时期借鉴的原则的相似发展历程。

路易·勒·沃（Louis Le Vau），克劳德·佩罗（Claude Perrault），约翰·费舍尔·冯·埃拉赫（Johann Fischer Von Erlach），雅克-安格·加布里埃尔（Jacques-Ange Gabriel），巴特洛·拉斯特列利（Bartolomeo Rastrelli），路易吉·万维泰利（Luigi Vanvitelli）

权力；君主政治；集中控制；君权神授；权威

在绝对主义中，无论是建筑还是治国，一切都围绕在位君主运转。 文艺复兴时期已经展示了中央规划建筑的潜力，矫饰主义和巴洛克风格引入了一定程度的许可，有助于加强规划思想。 然而，专制主义挪用了中心焦点的概念，用放射装置加强了对称，将其与巴洛克透视术混合，并以大规模形式呈现。 它最伟大的纪念碑是凡尔赛宫，路易十四在那里可以真正相信他自己是"太阳王"，因为公园里的树木和喷泉似乎对他的意志卑躬屈膝，就像他那些谄媚的朝臣一样。 就连从巴黎来的道路都在它的入口庭院汇合，仿佛首都和国家只通向国王的脚下。

凡尔赛宫的建造很大程度上归功于沃勒维孔特城堡（Vaux-le-Vicomte）。 尽管后者在规模上小得多，它也从一个单一的源头辐射到一个广阔的正式公园。 它的创造者尼古拉斯·富凯（Nicolas Fouquet）的宏伟建筑计划引起了路易十四（Louis XIV）的怀疑，并被判处终身监禁，证实了国王的绝对权力。

绝对主义的统治者和他们的建筑师们意识到，使用构图和透视的视觉技巧可以使巨大的规模更加令人印象深刻。 因此，德国整个卡尔斯鲁厄镇从大公宫殿（ducal palace）向外辐射，几乎延伸到国家的边界。 较大的国家不可能被缩减成单个城市，但约翰·费舍尔·冯·埃拉赫在设计卡尔教堂（Karlskirche）时暗示维也纳是罗马和君士坦丁堡的继承者，

而俄罗斯的彼得大帝则建立了城市圣彼得堡，试图将整个俄国拖入他无可争议的领导下的现代世界，他令人敬畏的继任者凯瑟琳大帝巩固了这一成就。

↓ 冬宫（Winter Palace），圣彼得堡，俄罗斯，巴特洛·拉斯特利利，1754—1762年

整个圣彼得堡是俄罗斯沙皇统治的纪念碑，这是欧洲最极端、最持久的专制君主制度之一，而冬宫则是它的象征和实际心脏。它是为沙皇伊丽莎白建造的，她的父亲彼得大帝建立了这座城市，它巨大的规模、华丽的装饰和宏伟的内部设计给人留下深刻印象。

其他建筑

卢浮宫东线，巴黎，法国，克劳德·佩罗，1667年；卡尔教堂，维也纳，奥地利，约翰·费舍尔·冯·埃拉赫，1716年；沙皇村（Tsarskoe Selo），圣彼得堡，俄罗斯，巴特洛·拉斯特利利，1749—1756年；王宫，卡塞塔，意大利，路易吉·万维泰利，1751年；协和广场（Place de le Concord），巴黎，雅克·安吉·加布里埃尔，1755年

 洛可可风格；前古典主义；崇高主义

 理性主义；功能主义；异国主义

主要建筑

▸ 凡尔赛宫，巴黎，法国，查尔斯·勒布伦，1661—1678年

17世纪60年代和70年代，欧洲最强大的君主、"太阳王"路易十四分两个阶段扩建了一座相对较小的城堡。它史无前例的规模延伸了建筑的独创性，为402米（1320英尺）高的立面创造了一个统一的组合，但将国王的卧室放在中心，公园从卧室辐射出去的象征意义是显而易见的。

英国经验主义是一种出现在英国17世纪末的，富有创造性和富丽堂皇装饰风格的古典主义。在将古典语汇应用到实际和体现政治目的方面，它与巴洛克风格有一定的相似之处。然而，在巴洛克宣扬罗马天主教教义并轻易融入绝对主义的地方，英国经验主义围绕着重建的英国国教形成，随着新的贵族寡头成为政治的主导力量，科学发现推翻了已有的信仰。

约翰·韦伯（John Webb），罗杰·普拉特（Roger Pratt），克里斯托弗·雷恩（Christopher Wren），尼古拉斯·霍克斯莫尔（Nicholas Hawksmoor），约翰·范布鲁（John Vanbrugh），詹姆斯·吉布斯（James Gibbs）

新学问；科学探究；实验；计算；几何；实用主义

伊尼戈·琼斯（Inigo Jones）在17世纪初将文艺复兴古典主义引入英国以来，到1660年英国君主复位，知识氛围和赞助模

式都发生了根本的变化。克里斯托弗·雷恩爵士的职业生涯就说明了这一点。他是一位受过大学教育的科学家，他的知识和社会地位使他能够应对构建新的社会秩序的挑战。

雷恩最早的两座建筑——剑桥大学彭布罗克学院（Pembroke College Cambridge）和牛津谢尔登剧院（Sheldonian Theatre Oxford）——都是他与保皇党、教会和学术关系密切的产物。他的叔叔伊利主教（Bishop of Ely）在剑桥出资建造了一座新教堂。在设计牛津谢尔登剧院时，他利用自己的数学知识来设计大跨度空间，且没有使用哥特式拱顶或中间柱。1666年伦敦大火之后，雷恩的事业得到了极大的推动，尽管他雄心勃勃的城市规划和他偏爱的圣保罗大教堂"大模型"设计都没有实现。然而，他设计的众多教堂显示出非凡的创造力，用以满足圣公会礼拜时现场的需要，这些设计往往是小而朴实的。

从1669年开始，作为国王工程的测量总监，雷恩通过自己和其他皇家学会成员的工作而对建筑实践产生了巨大的影响，如罗伯特·胡克（Robert Hooke）和约翰·伊芙琳（John Evelyn），彼时的建筑设计领域正在经历才智枯竭问题。他在工程办公室的合作者包括尼古拉斯·霍克斯莫尔（Nicholas Hawksmoor）和约翰·范布鲁。霍克斯莫尔是一名泥瓦匠，他为雷恩的思想带来了实用的建筑知识；约翰·范布鲁爵士是一位剧作家，充满智慧，曾经是巴士底狱的囚犯，他还设计了英国最壮观的乡村住宅布莱尼姆宫（Blenheim Palace）和霍华德城堡（Castle Howard）。他们大胆、丰富和自由的古典主义风格令帕拉第奥风格建筑师愤怒，后者在18世纪早期彻底改变了英国的品位。

主要建筑

谢尔登剧院，牛津，英国，克里斯托弗·雷恩爵士，1664—1669年

雷恩在牛津大学担任教授期间，利用自己作为数学家的能力，加强了该大学学术会议大厅的古罗马圆形剧场的古典感。他设计了一个相对平坦的木桁架网格，跨越21米（70英尺）的空间，没有哥特式拱顶或中间的柱子，以免两者破坏预期的效果。

布莱尼姆宫，伍德斯托克，奥克森，英国，约翰·范布鲁，1705—1720年

英国最宏伟的乡村别墅是由一个没有受过建筑训练的人设计的。范布鲁从他作为智者、剧作家和士兵的丰富经验中汲取灵感，也从他与辉格党的关系中获得客户。他用自己的天赋和力量进行设计，颠覆了之前的图样。尼古拉斯·霍克斯莫尔则解决了建造方面的问题。

其他建筑

英国 沃尔布鲁克圣司提反堂（St Stephen Walbrook），伦敦，克里斯托弗·雷恩，1672—1687年；格林尼治海军学院（Greenwich Naval College），伦敦，克里斯托弗·雷恩（与约翰·韦伯），1696—1715年；伍尔诺斯圣马利亚堂（St Mary Woolnoth），伦敦，尼古拉斯·霍克斯莫尔，1716—1727年；斯皮塔佛德基督教堂（Christchurch Spitalfields），伦敦，尼古拉斯·霍克斯莫尔，1723—1729年；圣马丁教堂（St Martin in the Fields），伦敦，詹姆斯·吉布斯，1722—1726年

 发明主义；乔治亚都市主义

 新古典主义；洛可可风格

洛可可风格扩展了装饰形式的丰富度和自由度，由巴洛克建筑师引入了古典语言，甚至更高度的幻觉和感官刺激。它与罗马天主教世界，特别是神圣罗马帝国和德国南部密切相关，强调信仰的神秘和直觉感悟，并使众多的教堂、修道院和宫殿兴起，供选民和其他统治者使用。

雅各布·普兰德陶尔（Jakob Prandtauer），热尔曼·波夫朗（Germain Boffrand），巴尔萨泽·诺伊曼（Balthasar Neumann），马特乌斯·珀佩尔曼（Mathaus Poppelmann），卢卡斯·冯·希尔德布兰特（Lukas Von Hildebrandt），约翰·丁岑霍费尔（Johann Dientzenhofer），约

翰·迈克尔·菲舍尔（Johann Michael Fischer），朱塞佩·加利·比比埃纳（Giuseppe Galli Da Bibiena）

复杂性；明度；幻觉；不安；装饰

洛可可在其鼎盛时期将基于形式和几何的抽象建筑原则与奢华的图画装饰的叙事效果相结合。由巴尔萨泽·诺伊曼设计的巴伐利亚的菲尔岑海利根的朝圣教堂是洛可可时代的典范。诺伊曼的职业生涯始于军事工程师，直到他的雇主维尔茨堡的采邑主教把他送到维也纳和巴黎学习建筑。在18

世纪早期的德国南部，大多数与他同时代的人都了解传统建筑工艺的基本原理，并主要通过华丽的装饰来实现它们的效果，而诺伊曼却带来了对建筑原理的理解。在菲尔岑海利根，他设计了一个非常复杂的方案，以重叠的形状和流动的体量，空间、形式和光线与装饰相结合，用严谨思维支撑感官印象的实现。

洛可可风格的建筑师的主要目标是，在一个怀疑主义和分裂破坏了天主教会权威的时代，通过雕塑和绘画的效果来提供压倒性的体验，以强调天主教教义。然而，洛可可的潜力给人留下深刻印象，也吸引了整个神圣罗马帝国的世俗统治者，从小公贵族到皇帝本人。萨克森候选帝侯奥古斯特二世（August the Strong），选择德累斯顿的茨温格宫（Zwinger Palace）作为盛大活动的场地，一层又一层的装饰如此丰富，创造了一种幻想和不安定的气氛，即便那里举行的是庆典活动。

通过强调透视法而不是建筑，并与高贵的权威和天主教神秘主义相关联，洛可可风格代表了一种与新古典主义到结构理性主义到现代主义发展路线完全相反的建筑概念。

↓茨温格宫，德累斯顿，德国，马特乌斯·珀佩尔曼，1711—1722年

茨温格宫的华丽建筑展示了它作为壮观场景的功能。它是为萨克森候选人奥古斯特二世建造的，虽然充满了古典主义的细节，但它们结合了明显的非古典主义的丰富装饰，更多的是指资助人的享乐主义品位。

其他建筑

奥地利 梅尔克修道院（Melk Monastery），雅各布·普兰德陶尔，1702—1714年；美景宫，维也纳，卢卡斯·冯·希尔德布兰特，1714—1723年

法国 苏比斯府邸（Hotel de Soubise），巴黎，热尔曼·波夫朗，1737—1740年

德国 波默斯费尔登城堡（Pommersfelden Schloss），约翰·丁岑霍费尔，1711年；奥托博伊伦修道院（Ottobeuren Abbey），约翰·迈克尔·菲舍尔，1744—1767年；歌剧院，拜罗伊特，朱塞佩·加利·比比埃纳，1747—1753年

 装饰工业化：巴洛克风格

 新古典主义：人文主义：理想主义

主要建筑

菲尔岑海利根教堂，巴伐利亚，德国，巴尔萨泽·诺伊曼，1743—1772年

这座朝圣教堂的外部几乎掩盖了内部的喧闹。在起伏的西前厅后面是一个建于两个椭圆形之上的中殿（第二个是14位圣人的祭坛），一对圆形耳堂和另一个椭圆形的唱诗班，所有这些结构都有着精致的装饰，与对应的实体结构和几何空间相辅相成。

17世纪早期，伊尼戈·琼斯在访问意大利期间遇到了帕拉第奥的老助手维琴佐·斯卡莫齐（Vicenzo Scamozzi），由此将帕拉第奥的建筑风格引入英国。一个世纪后，伯灵顿勋爵（Lord Burlington）和他的建筑师们使帕拉第奥主义适应于英国的气候和社会条件。通过他们，帕拉第奥和帕拉第奥主义成为18世纪英国乡村住宅伟大时期的灵感来源。

科伦·坎贝尔（Colen Campbell），威廉·肯特（William Kent），伯灵顿勋爵（Lord Burlington），亨利·弗利克洛弗特（Henry Flitcroft），托马斯·杰斐逊（Thomas Jefferson），亨利·霍兰德（Henry Holland）

帕拉第奥；对称；比例；世外桃源主义

1715年，科伦·坎贝尔出版了《维特鲁威布里塔尼古斯》（*Vitruvius Britannicus*）一书，呼吁反对雷恩、霍克斯莫尔和范布鲁等建筑师的错误设计。21岁的伯灵顿勋爵，有着很高的艺术品位，访问过意大利，这个新生的运动发掘出了这位人才，他不仅有能力将自己的想法付诸实践，而且有能力为这些想法做出实质性贡献。

伯灵顿集结了他的艺术门生的灵感，重新设计了他在伦敦皮卡迪利大街上的别墅，而他对于最终结果的贡献与其他人是一样多的。伯灵顿很快就厌倦了坎贝尔的刻板，把更大的责任交给了威廉·肯特。虽然肯特最初是个画家，但在伯灵顿的资助和指导下成了一名成功的建筑师。但伯灵顿在圈子里最佩服的是帕拉第奥。他两次亲自去意大利专门研究他的作品，在奇西克的别墅就是根据

帕拉第奥的圆形大厅设计的。

伯灵顿的灵感来自古典主义的构图、对称和细节，而不是精确的复制。相对较小的中心街区和广阔的侧翼，帕拉第奥在威尼斯大陆上的别墅也适合英国地主的生活方式和氛围，而他的城镇宫殿和教堂为城镇住宅及机构提供了各种模式。从为首相沃波尔设计的旺斯特德别墅（Wanstead）、斯托海德风景园（Stourhead）和霍顿庄园（Houghton Hall）这样的宏伟建筑，到相对简陋的建筑，伯灵顿和他的同事们将帕拉第奥的影响带到了英国建筑的方方面面，也影响到了美国和遥远的俄罗斯。

主要建筑

奇西克大厦（Chiswick House），伦敦，英国，伯灵顿勋爵，1725—1729年

伯灵顿勋爵把为自己设计的房子称为别墅，并用它来展示对帕拉第奥的知识和对原则的掌握。别墅最接近的是帕拉第奥的圆厅别墅（villa Rotunda）的模型。但在创造各种各样的房间形状，并在穹顶下引入窗户来照亮中心区域时，伯灵顿让它们更适合英国的环境。

↑候克汉厅（Holkham Hall），诺福克，英国，威廉·肯特，1734年

肯特在伯灵顿勋爵的资助下开始了他的画家生涯，伯灵顿的影响在英国最宏伟的帕拉第奥乡村别墅之一中能够看到。在这里，帕拉第奥的图案、质朴的地下室、科林斯式柱厅，以及拱门两侧各有两个扁平门楣的窗户，都是为英国大富豪莱斯特勋爵（Lord Leicester）的座位设计的。

其他建筑

英国 伯灵顿府（皇家学院）（Burlington House），伦敦，科伦·坎贝尔、威廉·肯特、伯灵顿勋爵等人，1717年；梅瑞沃斯城堡（Mereworth Castle），威廉·肯特、科伦·坎贝尔，1722—1725年；斯托海德风景园，威尔特郡，科伦·坎贝尔，1721—1724年；威斯敏斯特公学的宿舍，伦敦，伯灵顿勋爵，1722—1730年

美国 蒙蒂塞洛（Monticello），弗吉尼亚州，托马斯·杰斐逊，1769—1809年

理想主义；矫饰主义；新古典主义

巴洛克风格；洛可可风格；
中世纪精神

在18世纪，伦敦、爱丁堡和巴斯重新定义了古典城市规划的范围。在投机性开发的限制下开始大规模的工作，建筑师扩展了街道、广场和新月形建筑的功能，为全新的城市区域带来古典的宏伟和层次感。尽管单个建筑通常是简单建造的，装饰很少，但它们在整体中的位置意味着它们仍然传达了古典主义的印象，但与当地的经济和地形条件相适应。

伊尼戈·琼斯，(老和小)乔治·丹斯(George Dance)，(老和小)约翰·伍德(John Wood)，罗伯特·亚当(Robert Adam)，托马斯·莱弗顿(Thomas Leverton)，约翰·纳什(John Nash)

投机性开发；适应性；手工艺；经济

17世纪30年代，伊尼戈·琼斯和他的客户贝德福德伯爵(Earl of Bedford)为伦敦带来了文艺复兴式的城镇规划，即考文特花园广场(Covent Garden Piazza)。1609年，他去了意大利，目睹了正在建设的巴黎皇家广场，受此启发，琼斯设计了一个由房屋环绕的正规拱廊广场，一端是圣保罗教堂(St Paul's Church)，这为17世纪中期政治动荡后伦敦真正开始扩张提供了先例。

当时最伟大的创新是将土地分成小块，供每个人居住。这些房屋可以单独出售，也可以以租赁的形式分成小群，要求购买者建造一栋房屋，而这栋房屋通常要在99年后归还给土地所有人。罗素家族(贝德福德公爵家族)和格罗夫纳家族等富裕家族在快速扩张的伦敦边缘地区拥有土地，从18世纪20年

代开始就遵循这一路线，以确保建筑的布局和质量使他们的地产具有吸引力和价值。

1727年，老约翰·伍德从伦敦搬到巴斯，他的儿子小约翰在近50年后完成了皇后广场（Queen Square）、马戏团和皇家新月楼（Royal Crescent）的设计。巧妙组合的立面源自古典先例，掩盖了背后是独立的房屋而不是贵族宫殿的事实。1767年，作为伦敦金融城的工作人员，小乔治·丹斯特别利用马戏团的形式，将繁忙的交通干线整合到巨大的布景中，到1800年，马戏团已经成为从布里斯托尔到爱丁堡新城的城镇规划乐章的一部分。而在伦敦菲茨罗伊广场（Fitzroy Square）和阿德尔菲（Adelphi）的设计方案中，亚当兄弟发展了将不同建筑统一在单一立面后面的想法。

主要建筑

↑ 贝德福德广场（Bedford Square），伦敦，英国，托马斯·莱弗顿，1775年

18世纪，地主们开始在城市边缘开发地产，伦敦迅速扩张。这些地产大多遵循这样的模式：把土地布置街道和广场，然后把地块卖给那些能接受一定程度的同质性的单个建筑商。贝德福德广场位于贝德福德公爵的土地上。

← 皇家新月楼，巴斯，英国，约翰·伍德（小），1767—1771年

18世纪，英国建筑师在设计新的城市住宅区时借鉴了古罗马的先例。皇家新月楼大致根据罗马圆形斗兽场建造，满足了居住在时尚水疗中心的居民的需要。一排巨大的爱奥尼亚式半柱展示了它与生俱来的宏伟，但它稀疏的装饰表明，就像几乎所有格鲁吉亚城镇规划一样，它是投机性开发的产物。

其他建筑

英国 爱丁堡新城，多位建筑师，1767年起；考文特花园广场，伦敦，伊尼戈·琼斯，1631年；米诺斯（The Minories），伦敦金融城，乔治·丹斯（小），1765—1770年；圣乔治马戏团（St George's Circus），萨瑟克，伦敦，乔治·丹斯（小），1785—1820年；阿德尔菲，伦敦，罗伯特·亚当兄弟，1768—1772年；摄政街（Regent Street）和摄政公园（Regent's Park），约翰·纳什，1811年

英国经验主义，新古典主义；
地域古典主义，罗马古典主义

反都市主义，虔敬主义；
维多利亚主义

3

早期现代

BCT

新古典主义产生于这样一种信念，即巴洛克和洛可式的建筑运动将建筑带离了它的起源，探寻建筑真正本源的兴趣由此被激发。来自启蒙运动时期盛行的知识氛围的理性思维和考古发现都有助于这一探索。

马克-安东尼·洛吉耶（Marc-Antoine Laugier），雅克斯-热尔曼·苏弗洛（Jacques-Germain Soufflot），雅克斯·贡杜安（Jacques Gondoin），托马斯·杰斐逊，皮埃尔·维尼翁（Pierre Vignon），本杰明·拉托贝（Benjamin Latrobe），卡尔·弗里德里希·申克尔（Karl Friedrich Schinkel），罗伯特·斯默克（Robert Smirke），利奥·冯·克伦策（Leo Von Klenze）

约束；秩序；形式；纪律；理论；启蒙运动

从表面上看，新古典主义来自对古代建筑的新认识，而这些新认识来自以古典建筑为中心的考古发现。然而，还有一个重要的理论维度。洛吉耶在1753年的《论建筑》（*Essai sur 'architecture*）中提出，所有的建筑都可以来自"原始小屋"，以及"高贵的野蛮人"对庇护所需求的理性回应。它由四根树干作为柱子、树枝作为斜屋顶的简单结构组成。这些元素被组织成正方形和三角形的基本形式，反映了理性和自然形式具有相同根源的信念。

这种别出心裁的想法能够代替洛可可风格，令人着迷。它在很大程度上归功于维特鲁威（Vitruvius）对建筑神秘起源的描述，但它远远超过了复古形式的复兴。最终，它给了建筑一个概念性的模型，取代了对传统风格的依赖，并与理性有关，试图按照理性的路线来安排社会。因此，新古典主义为结构理性主义和后来的建筑现代主义奠定了基础。

雅克斯-热尔曼·苏弗洛在1754年为巴黎的保护女神圣日内维耶（Sainte Geneviève）设计的教堂（后称先贤祠），通过坚持柱子的主导地位（而不是桥墩和壁柱），以及保持檐部不被破坏（而不是拱门），展示了洛吉耶的影响。这种严谨的建筑设计思想起源于法国启蒙运动，并激发了许多受到这种思想支配的设计。从大英博物馆的罗伯特·斯默克爵士的学究式诠释，到卡尔·弗里德里希·申克尔更为优雅精致的柏林老博物馆，越来越多的古典文物博物馆都选择了这种设计。由古典主义学者转变为新古典主义建筑师的威廉·威尔金斯（William Wilkins）把它作为伦敦大学学院世俗而理性的基础，而拉托贝则把它带到了美国。

↓ 先贤祠，法国巴黎，雅克斯-热尔曼·苏弗洛，1756年起

苏弗洛为巴黎的守护女神设计的教堂属于新古典主义风格，巨大的中殿上有巨大的圆顶，而以前是用笨拙的墙壁和桥墩来承载圆顶的重量。苏弗洛设计的结构是圆柱和檐部，使内部充满古典风情。

其他建筑

外科学院（School of Surgery），法国，雅克斯·贡杜安，1769—1775年；白宫，华盛顿特区，美国，詹姆斯·霍班（James Hoban）和本杰明·拉托贝，1792—1829年；巴尔的摩大教堂（Baltimore Cathedral），马里兰州，美国，本杰明·拉托贝，1804—1818年；玛德莲教堂（La Madeleine），巴黎，皮埃尔·维尼翁，1806年；慕尼黑古代雕塑展览馆（Glypothek），慕尼黑，德国，利奥·冯·克伦兹，1816—1834年；弗吉尼亚大学，夏洛茨维尔，美国，托马斯·杰斐逊，1817—1826年；大英博物馆，伦敦，英国，罗伯特·斯默克，1823—1847年

主要建筑

柏林老博物馆，柏林，德国，卡尔·弗里德里希·申克尔，1824—1828年

迎接游客的巨大的爱奥尼亚柱式柱廊展示了申克尔对古典主义的严肃且严谨的诠释。希腊建筑代表着文化和秩序的结合，他在这里使其博物馆新功能的需要，并为普鲁士的雄心壮志服务，使柏林成为一个"北方雅典"。

 希腊化的古典主义；人文主义；理想主义；帕拉第奥主义；新理性主义

 巴洛克风格；洛可可风格；中世纪精神；维多利亚风格

刻意设计的不对称和独特的构图使建筑师引入新的视觉效果，暗示了与古典传统不同的与自然的关系。直接的先例来自像克劳德·洛兰（Claude Lorrain）这样的风景画家以及文学来源；然而，对非古典建筑的兴趣使一些建筑师开始关注哥特式、印度和中国建筑。

威廉·钱伯斯（William Chambers），詹姆斯·怀亚特（James Wyatt），约翰·纳什，塞缪尔·佩皮斯·科克雷尔（Samuel Pepys Cockerell）

东方主义；风景如画；感觉；搔痒；不安定

在这些不规则的场景中，自然似乎主宰了理智的兴奋和愉悦的感觉，18世纪末

的绘画理论家理查德·佩恩·奈特（Richard Payne Knight）和尤韦代尔·普莱斯（Uvedale Price）就是这样认为的。他们的想法为景观设计的现有趋势带来了一种知识的维度，在这种趋势下，来自远东的不规则和外来影响已经得到试验。邱园（Kew Gardens）的宝塔和位于卓宁霍姆的瑞典皇家宫殿的中国楼，都是在18世纪60年代完成的，东方风格在花园和公园的虚假废墟旁找到了属于它们的一席之地。非正式的风格甚至偷偷潜入了法国，在法国凡尔赛宫的玛丽·安托瓦内特（Marie Antoinette）的小特里亚农宫（Petit Trianon）中就可以看到。

让建筑师们兴奋的是，这些新想法与学术古典主义的差异开启了一扇通向全新视觉效果的大门。在为摄政王设计的布莱顿皇家行宫（Royal Pavilion）变成东方幻想作品之

前，约翰·纳什首先探索了不对称构图和哥特式细节的可能性。他的摄政公园虽然表面上看起来很古典，但也有很强的透视效果。

皇家行宫与塞缪尔·佩皮斯·科克雷尔为退休富翁设计的印度衍生作品赛金科德庄园（Sezincote）一起展示了这种建筑风格如何从公开展示知识分子的社会地位转变为一种满足私人幻想的方式。虽然这些样式的后期应用力求更精确，但特定样式与特定价值观的关联仍然存在。

主要建筑

皇家行宫，布莱顿，英国，约翰·纳什，1815—1823年

钱伯斯力求与他的原始模型保持精确，而纳什则以建筑风格为基础创造壮观的视觉效果。他对混合或捏造细节毫无顾忌，目的在于制造幻觉，并发挥情感和感觉，而不是学术或智力。

↑ 宝塔，邱园，伦敦，英国，威廉·钱伯斯，1757—1762年

18世纪，随着欧洲与亚洲贸易的增加，对中国装饰的喜好席卷了整个欧洲。钱伯斯是极少数去过中国的欧洲建筑师之一。这里的设计想法是用一种来自西方传统之外的异国情调来美化皇宫的花园。但在这个项目中，钱伯斯未能将他的古典设计达到考古的精度。

其他建筑

中国楼，卓宁霍姆，瑞典，卡尔·约翰·斯特德（Carl Johan Cronstedt）和卡尔·弗雷德里克·阿德克兰茨（Carl Fredrik Adelcrantz），1760年；赛金科德，格洛斯特郡，英国，塞缪尔·佩皮斯·科克雷尔，1803—1815年；阿什布里奇别墅（Ashbridge House），赫特福德郡，英国，詹姆斯·怀亚特，1808年

 洛可可风格；表现主义；后现代主义

 新古典主义；理性主义；帕拉第奥主义

在18世纪，新兴的美学学科开始质疑传统建筑风格及形式的传统意义和关联。但在探索艺术如何创造感官和智慧印象的过程中，美学也增加了建筑表达的可能性。崇高主义则利用了这些新机会。

艾蒂安-路易·布雷（Etienne-Louis Boullée），克劳德-尼古拉斯·勒杜（Claude-Nicolas Ledoux），乔治·丹斯（小），约翰·索恩（John Soane），卡洛·罗西（Carlo Rossi）

压倒性的；表达；控制；富丽堂皇；理论；启蒙运动

政治哲学家埃德蒙·伯克（Edmund Burke）著名的崇高与美丽的对比在18世纪后期的整个艺术领域引起了共鸣。望着井然有序的东西，他会产生一种宁静和满足的感觉，他把这种感觉等同于美。相比之下，不完整、参差不齐和不安的观点会让人产生敬畏和恐惧的感觉，即使它们本身并不可怕。这就是崇高主义。通过花园设计、对废墟和插图［如乔凡尼·巴蒂斯塔·皮拉内西（G. B. Piranesi）的监狱蚀刻画］不断增长的兴趣，

它在建筑中找到了归属。

克劳德-尼古拉斯·勒杜创造了一种高度个性化的古典语言，将柏拉图式的实体转化为适合其功能的形状，并通过图形细节来加强其象征意义。他的收费站建于旧体制消亡前的日子，就在巴黎周围，使权威的表达更添敬畏。而他对于建造一个"理想的城市"的计划虽然没有完成，但提炼了基本形式，提高了功能和象征性的细节之间的协调性。

艾蒂安-路易·布雷为牛顿设计的纪念碑（1784年；未完成）反映了对科学和理性的兴趣，而新古典主义相信纯粹的实体（在这里是极其不切实际的球体结构）是表达它们的手段。但它的规模是如此之大，以至于它所代表的结构和理念都是压倒性的，这一点在他为上帝所设计的同样无法建造的纪念碑中得到了明确的体现。

约翰·索恩与皮拉内西相识，后来成为画家透纳（Turner）的朋友。他在一个更小、更实用的尺度上，用变幻不定、不安的空间唤起了这种崇高，这种空间的局限很难辨别。隐藏的光源暗示着看不见的力量。索恩还在古典主义的基础上使用了哥特式的细节，展示了崇高的传达不仅彻底改变了古典建筑，也引入了其他传统的可能性。

主要建筑

← 维莱特收费站（Barrière de la Villette），巴黎，法国，克劳德-尼古拉斯·勒杜，1785—1789年

就在1789年法国大革命之前，勒杜设计了一系列收费站，对进入巴黎的货物征收皇家税。尽管他们的目的是反动的，他还是尝试了革命性的建筑理念，在维莱特，他在希腊十字架上放置了一个圆柱体。稀疏的点缀强化了建筑纯粹的体量，使其看起来仿佛由一种原始的力量产生。

早餐厅，约翰·索恩爵士博物馆，伦敦，英国，约翰·索恩，1812年

索恩为自己的房子设计的这个房间暗示了令人敬畏的现象，超出了它的直接可感知的限制。浅浅的圆顶定义了房间的中心，但光线从它上面隐藏的窗户洒入，被无数的镜子吸收。整个房间弥漫着空灵的光芒。精心挑选的画作为整体效果添加了叙事性联想。

其他建筑

万圣教堂（All Hallows by the Tower），乔治·丹斯（小），1765年；皇家盐场（Royal Saltworks），阿尔克-塞南，法国，克劳德-尼古拉斯·勒杜，1775--1779年；英格兰银行（Bank of England），伦敦，约翰·索恩，1792年；总参谋部大楼（General Staff Headquarters），圣彼得堡，俄罗斯，卡洛·罗西，1819--1829年

 巴洛克风格；纪念性都市主义；
新古典主义；前古典主义；帝国主义

 中世纪精神；反都市主义；
洛可可风格

一旦计算结构内部的力线成为可能，建筑理论家们就能享受利用实用数学的机会。支持这一点所必需的知识为新古典主义、哥特式复兴和现代主义之间提供了一条连接纽带。

让·尼古拉斯·路易斯·杜兰德（Jean Nicolas Louis Durand），亨利·拉布鲁斯特（Henri Labrouste），戈特弗里德·森佩尔（Gottfried Semper），奥古斯塔斯·普金（Augustus Pugin），欧根·维奥莱特-勒-杜克（Eugène Viollet-Le-Duc），阿纳托尔·德·博多（Anatole De Baudot），亨德里克·贝莱奇（Hendrick Berlage），奥古斯特·佩雷（August Perret）

理性主义；逻辑；理论；秩序

科学在决定结构构件应该放在何处时具有明显的合理性，恰好与启蒙运动所追求的明确性相吻合。这有助于新古典主义的形成，但是从1795年开始在巴黎有影响力的巴黎综合理工大学（École Polytechnique）任教的杜兰德将这种逻辑更进一步，认为建筑的知识基础在于科学，而不是不可恢复的神话历史。其目的是在一个规则的方形网格的帮助下，将工程的合理性转化为功能和逻辑的计划。从表面上看，装饰被降级为次要角色，但在切断结构和装饰之间的统一时，装饰提出了关于形式、功能和意义之间关系的基本问题。

亨利·拉布鲁斯特在法国国家图书馆的设计中提出了一种新的综合方式。这种方式的平面是简单合理的，结构是钢制的，装饰虽然稀疏，却没有完全脱离古典的先例，为一个图书馆的功能，以及语言和建筑之间的关系传达了丰富的象征性解释。

欧根·维奥莱特-勒-杜克和奥古斯塔斯·普

金都使用结构理性主义的修辞来支持他们对哥特式的偏爱。普金认为，因为没有那些出于便利性、建设性和准确性考虑的元素，所以从道德方面考虑，哥特式是一种美德，而维奥莱特-

勒-杜克则强调了哥特式从结构原理中的派生。

到20世纪初，亨德里克·贝莱奇等建筑师开始探索结构本身可以创造空间的想法，并暗示不需要装饰的意义，这一准则在早期现代主义中达到了顶峰。

主要建筑

证券交易所，阿姆斯特丹，荷兰，亨德里克·贝莱奇，1897—1903年
贝莱奇从折衷的来源中挑选了他的结构理性主义概念，包括杜克和森佩尔。他的意图是让承重砖结构不仅仅以一种符合逻辑的方式承载其重量，更是通过托梁和其他设备的弯曲来直观地展示力的走向。

法国国家图书馆，巴黎，法国，亨利·拉布鲁斯特，1860—1868年
拉布鲁斯特相信，装饰应该来自建筑，他是第一个发现铁的表达潜力的建筑师。它的形式来源于材料的可能性，法国国家图书馆超越了此风格的先例，并预见了金属在后来建筑中的使用。

其他建筑

法国 圣日内维耶图书馆（Bibliothèque Sainte Geneviève），巴黎，亨利·拉布鲁斯特，1845—1850年；圣丹尼大教堂（St Denys-de-l' Estree），巴黎附近，维奥莱特-勒-杜克，1864—1867年；圣让蒙马特教堂（St Jean de Montmartre），巴黎，阿纳托尔·德·博多，1897—1905年；邱锡教堂（Notre Dame du Raincy），奥古斯特·佩雷，1922—1923年

 理性主义；唯物主义

 崇高主义；洛可可风格；表现主义

铁和玻璃是不是合适的建筑材料的问题一直困扰着19世纪中期的建筑师们，因为像火车站这样的新建筑类型必须使用它们，这是一个不可忽视的问题。中心问题是，这些材料是否应该适应以石头和木材为核心的建筑标准，或者是否应该在不参考传统的情况下利用它们的建筑可能性。

悉尼·斯梅克（Sydney Smirke），刘易斯·丘比特（Lewis Cubitt），德西莫斯·伯顿（Decimus Burton），约瑟夫·帕克斯顿（Joseph Paxton），彼得·埃利斯（Peter Ellis），伊桑巴德·金德姆·布鲁内尔（Isambard Kingdom Brunel），本杰明·伍德沃德（Benjamin Woodward），马修·迪格比·怀亚特（Matthew Digby Wyatt）

材料；铁；玻璃；装饰；结构

早在1779年，亚伯拉罕·达比（Abraham Darby）在科布鲁克戴尔建造的铁桥就证明了铁能提供有效的结构，在传统建筑理论中，这就像一个定时炸弹，因为传统建筑是以传统材料和建筑形式为基础的。直到19世纪30年代，铁产量的提高和它在新建筑类型中的潜在用途，与奥古斯塔斯·普金等理论家的观点一致，他们认为建筑应该忠实于材料，随之而来的还有大量的扭曲形式。中世纪浪漫主义者将铁从建筑中完全去除，其他人试图在铁的构造逻辑和建筑惯例之间找到某种平衡，并取得了不同程度的成功，而少数人意识到它有可能创造一种新的建筑类型。

尽管马修·迪格比·怀亚特和伊桑巴德·金德姆·布鲁内尔进行了努力的合作，用建筑感性来掌控帕丁顿车站（Paddington Station）的原始工程，维多利亚时代的思想家约翰·罗斯金（John Ruskin）认为，虽然建筑中可能真的会用到铁，但在1850年的时候还没有。这激发了他的弟子本杰明·伍德沃德的灵感，迫使考文垂铁艺大师斯基德莫尔（Skidmore）为牛津博物馆的内庭设计了一个"哥特式"结构。但那时已经有两座开创性的建筑展示了铁在创造全新类型的围栏方面的潜力：约瑟夫·帕克斯顿于1851年建造的巨大水晶宫Crystal Palace），其建造速度之快、效率之高、预制工序之明显都令人称道；还有伯顿和理查德·特纳（Richard Turner）在邱园建造的宏伟的棕榈室，铁的制造和建造逻辑显然超越了建筑传统。

圣潘克拉斯车站（St Pancras Station）标志着任何将铁建筑和传统风格结合起来的尝试都被放弃了。在现代主义达到高潮之前，建筑和工程之间的这种分裂延续了好几代。

主要建筑

← 邱园棕榈室，伦敦，英国，德西莫斯·伯顿和理查德·特纳（铁匠），1849年

棕榈室明确展示了铁和玻璃以相对轻质和透明的方式包围大体量的潜力。特纳的铁加工技术与伯顿的新古典主义情感相配合，用新材料创造了一个精致的、高度原创的建筑，比水晶宫早了两年。

↓ 自然历史博物馆（Natural History Museum），牛津，英国，托马斯·迪恩（Thomas Deane）和本杰明·伍德沃德，1854—1858年

该项目由该大学的首席科学家托马斯·阿克兰（Thomas Acland）构思，作为自然历史的标志，深受他的朋友罗斯金的哥特式概念的影响，四方院的"哥特式"铁屋顶显示了科学进步和风格表现之间的二分法。

其他建筑

英国 水晶宫，伦敦，约瑟夫·帕克斯顿，1851年；国王十字车站（Kings Cross Station），伦敦，刘易斯·丘比特，1850—1852年；老阅览室（Old Reading Room），大英博物馆，伦敦，悉尼·斯梅克，1852—1857年；帕丁顿车站，伦敦，伊桑巴德·金德姆·布鲁内尔和马修·迪格比·怀亚特，1854年；凸窗大楼（Oriel Chambers），利物浦，彼得·埃利斯，1864—1865年

 结构理性主义：工业化

 表现主义：巴洛克风格

中世纪精神

中世纪主义者认为，中世纪社会表现出的美德是被启蒙思想或者工业化所摧毁的。即使不可能重建那个社会，复制它的人工制品也会有好处，那就是把那些美德传播给那些真正创造它们的人，以及那些使用它们和看到它们的人。美学出现了一个特别的道德和教育的扭曲。

奥古斯塔斯·普金，威廉·巴特菲尔德（William Butterfield），欧根·维奥莱特-勒-杜克，约翰·拉夫堡·皮尔森（John Loughborough Pearson），乔治·埃德蒙·斯特里特（George Edmund Street），威廉·伯吉斯（William Burges）

中世纪的；哥特式；点缀；细节

19世纪30年代和40年代的社会与宗教危机给哥特复兴带来了新的活力，把它从富有的业余爱好者的玩物变成了社会工程的热心倡导者。奥古斯塔斯·普金是一位狂热的罗马天主教皈依者，也是一位多产的建筑师。他认为，解决工业化引发的社会问题的关键是通过模仿中世纪晚期的建筑来重建社会。从逻辑和道德的角度来看，中世纪应该被完全复制，而不是像哥特式那样懒散。

在法国，欧根·维奥莱特-勒-杜克发展了普金对哥特式逻辑的主张，成为一个成熟的结构理性主义。维多利亚时代的思想家罗斯金对这条道德路线进行了最有力的扩展，他声称哥特式的"变化无常"使它成为自然的延伸，因此是上帝的杰作。它的道德影响从建筑的使用延伸到建筑的建造，作为自我表达的"自由"，它让工人们从罗斯金所认为的模仿古典细节的"奴隶"中解放出来。介于普金的天主教和罗斯金的福音派基督教之间，英国圣公会教堂艺术学会（High Anglican Ecclesiological Society）规定了对旧教堂的修改和对新设计的限制。

在这些因素的共同影响下，从议会大厦（Houses of Parliament，1835—1860年）到皇家司法院（Royal Courts of Justice），英国的大多数公共建筑都采用了某种形式的哥特式。即使在历史复兴主义的局限性变得明显

主要建筑

↑万圣堂（All Saints），玛格丽特街，英国，威廉·巴特菲尔德 1850—1859年

万圣堂体现了教堂艺术学会的思想。该学会由神职人员和建筑师组成，他们相信通过正确应用复活的建筑、配件和礼拜仪式，可以实现精神上的更新。尽管赞同他们的信仰，巴特菲尔德在比例和构图上是独创的，以适应紧凑的城市场地并在装饰上具有非凡的创造性。

时，普金和罗斯金的影响在工艺美术运动中也重新浮出水面，该运动采纳了普金对"诚实"建筑的呼吁和罗斯金对工人表达自由的兴趣。

↓ **皇家司法院，伦敦，英国，乔治·埃德蒙·斯特里特，1868—1882年**
它是继国会大厦之后伦敦最重要的哥特式复兴建筑。斯特里特对13世纪的哥特风格进行了一种更学术、更令人信服的再现，被认为具有适当的说教性和联想性，是当代英国的象征，强化了正义的执行。

其他建筑

英国 加的夫城堡（Cardiff Castle），威尔士，威廉·伯吉斯，1868—1885年；圣·奥古斯丁山庄（St Augustine's），拉姆斯盖特，奥古斯塔斯·普金，1846—1851年；小雅各医院（St James the Less），伦敦，斯特里特，1858—1861年；吉尔伯恩圣奥古斯丁堂（St Augustine's Kilburn），伦敦，约翰·拉夫堡·皮尔森，1870—1880年

 哥特式商业主义；哥特式经院哲学；维多利亚主义；反都市主义

 新古典主义；装饰主义；纪念都市主义

维多利亚时代的建筑通常被认为是哥特式和古典主义风格的较量。然而，这场斗争实际上还不止于此，建筑师渴望理解新技术和社会变化，并将它们融入建筑传统。

查尔斯·巴里（Charles Barry），安东尼·沙尔文（Anthony Salvin），乔治·吉尔伯特·斯科特（George Gilbert Scott），奥古斯塔斯·普金，威廉·巴特菲尔德，阿尔弗霍德·沃特豪斯（Alfred Waterhouse）

纪念碑；启蒙主义；都市主义；工业化

维多利亚时代的建筑代表了一个夹在非凡的技术进步和对传统权威的顺从之间的社会。这种张力产生了巨大的建筑，这些建筑的细节来自历史建筑，但其规模和使用的技术在19世纪之前是不可想象的。历史风格仍然可以传达它们所代表的价值，即使仅仅是一种全新功能的包装，或者被正在进行的巨大社会变革彻底改变。工业生产的历史装饰物让我们发问，为了传达同样的含义，这些装饰物是否必须以传统的方式制作？

新的融资方式和劳工组织使得铁路和排水系统等大型工程得以进行，规模不断扩大的城市成为可能。新的建筑类型，如车站，只能使用新技术和材料，如铁和玻璃。由于这种类型在古典或哥特式世界中没有先例，它们的建筑处理问题百出。从圣潘克拉斯车站质朴的结构，到它前面的米德兰酒店（Midland Hotel）巨大的哥特式建筑，这些都是一种回应，后者同样大量使用铁和平板玻璃。

即使是像牛津学院（Oxford college）这样传统的建筑类型也暴露了时代的气质。基布尔学院（Keble College）打破传统，跟之前宏伟的建筑相比更省钱，规模也更小，部分原因是巴特菲尔德准备使用工业化生产的材料和组织施工过程的新方法，这与他的许多同行的做法不同。吉布斯一家的一大笔捐赠也起了作用。

主要建筑

← 基布尔学院，牛津大学，英国，威廉·巴特菲尔德，1868—1882年

巴特菲尔德试图创造一个哥特式的版本，利用19世纪的技术和社会变革。他使用大量生产的砖块和瓦片，自己负责装饰设计，而不是把它委托给个别工人，他接近了建筑师和建设者之间的标准关系。

↓ 圣潘克拉斯车站，伦敦，英国，乔治·吉尔伯特·斯科特（米德兰酒店），1868—1874年，威廉·亨利·巴洛（火车棚），1863—1865年

圣潘克拉斯车站抓住了维多利亚时代的困境。即使哥特式建筑可以延伸到酒店、办公室和预订大厅的空前规模，也不能满足火车车棚（就在右边）的功能要求，它必须上升到一定的高度，以便蒸汽可以逸出。建筑师并没有尝试从建筑层面整合这两个部分，它们就只是毗连在一起。

其他建筑

英国 哈拉克斯顿庄园（Harlaxton Manor），林肯郡，安东尼·萨文，1834—1855年；伦敦议会大厦，查尔斯·巴里和奥古斯都·普金（1835—1868年）；外交部，伦敦，乔治·吉尔伯特·斯科特，1860—1875年

 中世纪精神；纪念性都市主义；装饰主义

 新古典主义；反都市主义

19世纪城市的大规模扩张意味着建筑方法的改变以及经济和社会活动的发展催生了新的建筑类型，而社会和政治的动荡引发了对新机构、街道和景观的需求。从文艺复兴时期演变而来的城市概念无法应对这些挑战，因此建筑师和城市规划者摸索着通往城市主义新模式的道路。

让-弗朗索瓦·瑟雷塞·查尔格林（Jean-François Thérèse Chalgrin），查尔斯·巴里，戈特弗里德·森佩尔，约瑟夫·波尔特（Joseph Poelart），查尔斯·加尼埃（Charles Garnier），丹尼尔·伯纳姆（Daniel Burnham）

富丽堂皇；纪念；权力；夸大的；强制

在19世纪30年代和40年代，城市机构变得越来越多，服务的功能也越来越复杂。查尔斯·巴里的伦敦俱乐部，尤其是英国议会大厦，完美地将历史模型适应了现代需求。从表面上看，戈特弗里德·森佩尔的德累斯顿歌剧院（Dresden Opera House）也借鉴了历史形式。但是，通过满足他的朋友理查德·瓦格纳（Richard Wagner）的歌剧创新的复杂体积要求而成为一个完备的城市纪念碑，他利用当代需要创造一个新的纪念性形式。他的作品寻求扩大的考古发现和超越现有风格分类的新技术之间的综合。

到了19世纪中期，全城范围的解决方案成为必要。伦敦、维也纳和巴黎有三个典型的反应。伦敦的做法比较实际，成立了大都会工务委员会（Metropolitan Board of Works）来解决公共卫生问题，但大规模的工

程很快就影响到了城市的各个部分。更具明显美感的维也纳把防御工事变成了环城大道，在那里，资产阶级的机构以其象征意义与功能相关联的纪念性建筑来维护自己的地位，比如新希腊议会。这样的孤立后来遭到了卡米洛·西特（Camillo Sitte）的批评，他主张将公共建筑内外的活动和形式紧密结合起来。

1850年，乔治-欧仁·豪斯曼（Georges-Eugène Haussmann）成为巴黎的行政长官。他把这座城市变成了一个巨大的车间和陈列室，在历史悠久的建筑结构中切割出一条条笔直的街道，排列着标准的建筑，并在交汇处用纪念碑来标记它们，比如巴黎歌剧院。在将社会、技术和经济问题纳入美学范畴的过程中，这成为了一种标准模式。丹尼尔·伯纳姆在1909年未实现的规划中，将其进行改造，美化了芝加哥这个美国工业扩张的标志性城市，在其原始城市网格上覆盖了一个从城市纪念碑辐射出来的景观系统。

主要建筑

— **巴黎歌剧院，巴黎，法国，查尔斯·加尼埃，1861—1874年**
在奥地利工程师乔治·欧仁·奥斯曼男爵（Baron George Eugene Haussmann）对巴黎的改造中，最壮观的公共机构就是巴黎歌剧院。它被特意建在几条又长又直的林荫大道的交汇处。其华丽的立面通过结合新古典主义主题和伟大作曲家的半身像来加强压倒性的效果，在功能和建筑传统之间建立视觉联系。

↓ **历史艺术博物馆，维也纳，奥地利，戈特弗里德·森佩尔，1869年**
博物馆构成了森佩尔为城堡广场外部设计的纪念性概念的一侧。它是环城大道发展的一部分，将维也纳的旧防御工事转变为一系列城市地标。它与自然历史博物馆一同分列于霍夫堡皇宫（Hofburg, Imperial Palace）的两侧，以一种在19世纪之前不可能实现的方式和规模，象征性地将帝王文化和资产阶级文化结合在一起。

其他建筑

凯旋门，巴黎，法国，让-弗朗索瓦·瑟雷塞·查尔格林，1806—1835年；大理石拱门，伦敦，英国，约翰·纳什，1828年；特拉法尔加广场（Trafalgar Square），伦敦，查尔斯·巴里，1840年；司法宫（Palais de Justice），布鲁塞尔，比利时，约瑟夫·波拉特，1866—1883年；维克多·埃曼纽尔二世纪念堂（Vittorio Emmanuele II monument），罗马，意大利，朱塞佩·萨克尼，1885—1911年；世界博览会会址，芝加哥，伊利诺伊州，美国，丹尼尔·伯纳姆，1893年

 罗马古典主义；巴洛克风格；
前古典主义

 生态主义；人文主义；理性主义

乡村生活似乎是替代肮脏的工业城市的一个有吸引力的选择，但事实证明，要从对前工业社会社会关系的怀旧中分离出来，真正关注改善社会是极其困难的。19世纪末的建筑反映了这种进步理念和传统外观之间的困境。

菲利普·韦伯（Philip Webb），诺曼·肖（Norman Shaw），查尔斯·弗朗西斯·安斯利·沃塞（Charles Francis Annesley），雷蒙德·尤恩（Raymond Unwin），麦凯·休·贝利·斯科特（Mackay Hugh Baillie Scott），巴里·帕克（Barry Parker），弗兰克·劳埃德·赖特（Frank Lloyd Wright）

花园城市；郊区；田园牧歌；大都市；简单；朴素的；节制；社会关系；社区；集体所有权

尽管哥特式复兴的装饰和剽窃一面在19世纪80年代已经自己消失，但其浪漫主义怀旧和清教主义的遗产幸存下来，形成了工艺美术和花园城市运动。英国工匠、设计师、作家和社会主义者威廉·莫里斯（William Morris）鼓吹简单、乡村和准中世纪生活的优点，而为莫里斯设计红屋（the Red House）的菲利普·韦伯试图将其体现在自己的建筑中，偶尔也接近成功。

艺术和工艺运动赋予了建筑在传统建筑工艺中表达思想的权力，切断了与当代关注的任何联系，如工业化和城市扩张，并最终限制了建筑所能表达的范围。在独立的建筑中，像诺曼·肖、查尔斯·沃塞和贝利·斯科特这样的构图天才可以超越最初的怀旧，但从来没有克服使用传统手段解决现代生活问题的潜在矛盾。

议会速记员埃比尼泽·霍华德（Ebenezer Howard）在他的《明日：一条通向真正改革的和平道路》（*Tomorrow: a Peaceful Path to Real Reform*，1898年）一书中提出了城市主义新模式的综合策略。霍华德认为，合作所有权将允许更公平地使用土地，居民点的规模和密度可以得到控制，这样每个人都靠近就业中心，但也可以获得开放的土地。虽然他没有规定明显的建筑风格，但他的反城市情绪与工艺美术的目标是一致的。当雷蒙德·尤恩和巴里·帕克受任设计第一个花园城市莱奇沃思城（1903年）时，他们确保了乡土建筑的

特点将会注入花园—城市生活的词汇，以及保留工艺和合作的价值。

花园城市的理想以许多不同的形式传遍世界。一种版本构成了像堪培拉和新德里这样的帝国首都；另一种被送入苏联的公共实验。

主要建筑

瓦尔德布尔住宅（Waldbuhl House），乌茨维尔，瑞士，贝利·斯科特，1907—1911年
斯科特是英国工艺美术运动中极具创造力的建筑师之一，他成功地将清晰可行的计划与令人信服的娱乐或对传统细节的改编结合起来。即使在瑞士工作时，他也融入传统的英国特色，比如半木质结构。

红屋，贝克里斯黑斯，英国，菲利普·韦伯，1859年
对韦伯设计的巨大赞扬掩盖了其做作的简单所带来的令人衰弱的紧张。红屋是为拥有独立财富的莫里斯建造的，他通过回归中世纪，推动了社会革命。红屋引入了一种简化的乡村田园生活的理念。

其他建筑

英国 贝德福德公园（Bedford Park），伦敦，诺曼·肖，1876年；莱奇沃思花园城（Letchworth Garden City），雷蒙德·尤恩和巴里·帕克，1903年；汉普斯特德花园郊区（Hampstead Garden Suburb），伦敦，雷蒙德·尤恩与埃德温·勒琴斯（Edwin Lutyens）和贝利·斯科特的作品，1906年
美国 罗比住宅（Robie House），芝加哥，弗兰克·劳埃德·赖特，1909年（以及伊利诺伊州橡树园的许多住宅）

 异国主义；功能主义

 装饰主义；洛可可风格；理性主义

从19世纪后期开始，建筑师开始意识到工业生产的材料不仅可以创造前所未有的形式和结构，而且还可以发展成新的装饰语言。在新的美学理论的支持下，这种将"精神"或艺术内容注入无生命或非个人的工业主义产品的潜力为物理对象和思想之间的新合成打开了大门。

奥托·瓦格纳（Otto Wagner），安东尼奥·高迪（Antonio Gaudí），路易斯·沙利文（Louis Sullivan），威廉·莱瑟比（William Lethaby），维克多·奥尔塔（Victor Horta），亨利·凡·德·维尔德（Enri Van De Velde），约瑟夫·玛丽亚·奥尔布里希（Josef Maria Olbrich），赫克托·吉马尔（Hector Guimard），彼得·贝伦斯（Peter Behrens），约瑟夫·霍夫曼（Josef Hoffmann）

表情；弯曲的线；装饰；会徽；流动性

随着工业化使社会变得面目全非，知识分子质疑它是否也改变了人们对美的观念。这些问题在工业化影响最强烈的地区最为严重，比如芝加哥和柏林。奥古斯特·恩德尔（August Endell）认为，这些城市的美不能用传统标准来评判。但维也纳、巴黎、布鲁塞尔、巴塞罗那和北欧国家的建筑师都跳出了古典传统，从技术和民族神话等各种来源，寻找新的表达方式。

从英国的威廉·莱斯比到魏玛应用艺术学院（Weimar School of Applied Arts）的亨利·凡·德·维尔德，几乎所有人都渴望将艺术与工业结合起来，魏玛应用艺术学院后来成为包豪斯。作为AEG的设计师，彼得·贝伦斯在他的家居用品设计中最接近于实现这一目标，尽管除了涡轮机工厂，他的其他建筑就不那么成功了。

但每个地点都有特定的变化。在巴黎和布鲁塞尔，赫克托·吉马尔和维克多·奥尔塔结合了流动的卷须状线条，脱离了古典美术风格的僵化。此外，诸如吉马尔的地铁入口等装饰品只能用铁制造。安东尼奥·高迪在他非凡的圣家族大教堂（Sagrada Família）中展示了他的信仰，即曲线属于上帝，在那里曲线不仅仅是装饰，而是结构的固有部分。在维也纳，奥托·瓦格纳认为现代建筑是传统和现代之间的迭代。他的杰作邮政储蓄银行（The Post Office Savings Bank）开发了铝的装饰潜力，当时铝材料的使用还处于襁褓之中。

钢结构完全改变了芝加哥的建筑。路易斯·沙利文接受了它的比例原则，并设计了基于自然形式的创造性装饰，与古典主义规则结构和装饰风格分道扬镳。

主要建筑

← 斯科特百货公司（Carson Pirie Scott department store），芝加哥，伊利诺伊州，美国路易斯·沙利文，1899年
百货商店是一种新的建筑类型，由钢框架构成。沙利文的设计以一种新的建筑秩序将两者结合起来。他构思了地面和一楼的装饰性金属制品，仿佛它们是橱窗展示的画框，而上面的普通地板表达了钢铁的比例。

↓ 地铁口，王妃门（Porte Dauphine），巴黎，法国，赫克托·吉马尔，1900年
吉玛尔的地铁入口设计于1899年至1904年之间，以其热情洋溢、流畅的铁艺形式，不仅是巴黎美好时代的缩影，还使用新技术来装饰和庆祝地铁的新基础设施。地铁本身为城市作为一个现代大都市的地位做出了巨大的贡献。

其他建筑

圣家族大教堂，巴塞罗那，西班牙，安东尼奥·高迪，1883年；贝朗热城堡（Castel Berenger），巴黎，法国，赫克托·吉马尔，1894—1898年；人民之家（Maison du Peuple），布鲁塞尔，比利时，维克多·奥尔塔，1896—1897年；分离派展览馆（Secession Building），维也纳，奥地利，约瑟夫·玛丽亚·奥尔布里希，1898年；邮政储蓄银行，维也纳，奥托·瓦格纳，1904—1906年；斯托克莱公馆（Palais Stoclet），布鲁塞尔，约瑟夫·霍夫曼，1905—1911年

 新古典主义；理性主义；新理性主义

 巴洛克风格；表现主义；后现代主义

 殖民主义使欧洲和非欧洲文化相互碰
撞，对其不同的建筑传统造成零星的
影响。帝国主义描述了殖民地本地的建筑，
这种碰撞在当地是最强烈的，反映了统治者
和被统治者之间复杂的相互影响关系。随着
美学的综合性变得越来越复杂，建筑逐渐地
变成彰显帝国政治的工具。

 查尔斯·曼特（Charles Mant），罗伯
特·奇泽姆（Robert Chisholm），斯文
顿·雅各布（Swinton Jacob），威廉·爱默生

（William Emerson），赫伯特·贝克（Herbert
Baker），埃德温·勒琴斯

 东方主义；行政管理；殖民主义；表现

 最早的殖民建筑反映了欧洲模式，但
当地的气候、材料和建筑技术很快导
致了各种各样的调整变化。在印度这个拥有
殖民地传统建筑最丰富的国家，大多数殖民
时期的建筑都是由军事工程师设计的，通过

这些不完美的模型，新古典主义让无数外国建筑加入了进口浪潮。印度王子慢慢地开始将欧洲元素融入他们的宫殿，而对英国文化的兴趣转向了理解本土建筑，建筑令人难以捉摸的复杂性似乎反映了印度政治的多样性。然而，工程师和后来公共工程部门的建筑师开始设计一种被称为印度-撒拉逊风格的复合风格。

至少从表面上看，这种风格是根据不同的传统，将印度教和撒拉逊建筑这两种不相关的风格，在英国设计师的设想下结合并使之外显，只有在他们的手中，两种文化才能和平统一。它的政治意义在诸如查尔斯·曼特的梅奥学院（Mayo College，印度王子们在这里接受教育）以及许多总督和维多利亚女王的纪念堂中得到了明确的体现。

1910年，新德里延续并结束了这一策略。主要建筑师埃德温·勒琴斯表达了对印度建筑的蔑视，但还是在他的杰作总督府（Viceroy's House）中融入了各种精简的元素。赫伯特·贝克就不那么完美了，但他对自己的正统性更有信心。贝克因将朴实的开普敦荷兰风格与南非的工艺美术习语（指富有的矿业巨子）结合在一起而名声大噪。他与勒琴斯在德里的合作以唇枪舌剑而告终，但他在比勒陀利亚的联合大厦（Union Buildings）同样宏伟。该建筑始建于1909年，象征第二次布尔战争后南非的"联盟"。1994年的总统纳尔逊·曼德拉（Nelson Mandela）就职典礼选择了这座建筑，这表明，这样一座建筑的影响可以超越其初衷。

主要建筑

← **总督府，新德里，印度，埃德温·勒琴斯，1912—1930年**
在这座印度新首都的中心建筑中，勒琴斯将他对复杂几何学的掌握付诸实践，融合了印度和欧洲建筑之间有限的象征性结合，但也创造了一个凌驾于早期城市废墟之上的构图。

→ **联合大厦，比勒陀利亚，南非，赫伯特·贝克，1909—1912年**
贝克设想了一个帝国卫城作为南非联盟的首都，该联盟于1910年由两个英国殖民地和两个独立的布尔共和国建立。两座主要建筑位于一座俯瞰城市的山顶上，由一个弯曲的柱廊象征性地连接在一起。

其他建筑

印度 马德拉斯大学行政大楼（Madras University Senate House），罗伯特·奇泽姆，1874—1879年；梅奥学院，拉贾斯坦邦，查尔斯·曼特，1875—1879年；拉克西米维拉斯宫（Laxmi Vilas Palace），巴罗达，斯文顿·雅各布，1881—1890年；维多利亚纪念堂（Victoria Memorial），加尔各答，威廉·爱默生，1901—1921年；秘书处大楼（Secretariat Buildings），新德里，赫伯特·贝克，1912—1930年；印度拱门（India Arch），新德里，埃德温·勒琴斯，1921—1931年

 纪念性都市主义；前古典主义；印度主义；异国主义

 地域主义；中世纪精神

现代主义

表现主义更多的是一种精神状态，而不是一种明确的运动，它源于一种假设，即一座建筑可以传达一种个人的想法或思想，而不需要通过建筑惯例或风格作为媒介。在第一次世界大战后，它成为现代建筑的集合点，其戏剧性姿态的潜力立刻显现出来。

彼得·贝伦斯，汉斯·珀尔齐希（Hans Poelzig），弗里茨·赫格（Fritz Höger），布鲁诺·陶特（Bruno Taut），米歇尔·德·克勒克（Michel De Klerk），彼得·克莱默（Pieter Kramer），埃里希·门德尔松（Erich Mendelsohn），乔瓦尼·米切卢奇（Giovanni Michelucci），埃罗·沙里宁（Eero Saarinen），约翰·伍重（Jørn Utzon），甘特·贝尼奇（Günter Behnisch）

表达；不安定；不稳定性；神人同形同性论

由于工业建筑大胆的体量要求和缺乏先例，这在1914年之前的几年里第一次为建筑师提供了戏剧性实验的许可证。一个早期的例子是汉斯·珀尔齐希于1911年在波兰波兹南设计的水塔和展览馆的非凡组合。然而，从1918年起，许多建筑师（主要是在德国）尝试采用不规则的形状和戏剧性效果。这些难以建造的姿态通常都是刻意设计的，比如密斯·凡·德·罗（Mies van der Rohe）的玻璃摩天大楼，引发了强烈争论。与此对应的一个更实际的例子是阿姆斯特丹学校（Amsterdam School）的设计。特别是在住房方面，其几乎拟人化的形式使20世纪20年代的城市南部扩展变得生机勃勃。

表现主义具有强大的，有时古怪的形态，构成主义和功能主义都拥有这一特点，但也有重要的区别。构成主义试图设计一种基于机器的新美学，最终，科学和功能主义试图从机器所容纳的活动或功能中获得形式。在最纯粹的意义上，表现主义除了建筑师头脑中存在的一个想法之外，没有寻求任何理由。

埃里希·门德尔松的爱因斯坦塔（Einstein Tower，1917—1921年）位于波茨坦，这一建筑将表现主义推向了顶峰，试图将著名物理学家的公式转化为流动的建筑形式，仿佛在空间和时间之间建立一种新的关系。像门德尔松一样，大多数表现主义的实践者后来都沉静下来，经常转向功能主义或理性主义。然而，在几乎所有的权威和先例似乎都在质疑的时候，表现主义确实为试验正式的想法提供了一条重要的出路。

表现主义形式继续吸引着建筑师，尤其是那些处于现代主义地理边缘的建筑师，如丹麦建筑师约翰·伍重（Jørn Utzon），他的悉尼歌剧院（Sydney Opera House）将功能和环境升华为一系列非常强有力的形式。

主要建筑

← 爱因斯坦塔，波茨坦，德国，埃里希·门德尔松，1917—1921年
作为一个天文台和天体物理实验室，这个名字有着明显的意义。它流线型的雕塑形式设计是在1920年左右寻找新功能和新形式之间关系的缩影。

↓ 悉尼歌剧院，澳大利亚，悉尼，约翰·伍重，1956—1973年
伍重率先利用混凝土外壳结构的表现潜力（以及阿鲁普工程设计公司的工程技术）设计出令人难忘的形式，他是一个为呆板的城市注入生活气息的建筑师。

其他建筑

德国 工业展览上的玻璃屋，科隆，布鲁诺·陶特，1914年；赫斯特染料厂（Hoechst Dyeworks），法兰克福，彼得·贝伦斯，1920—1925年；智利屋（Chilehaus），汉堡，弗里茨·赫格，1922—1923年；奥林匹克公园（Olympiapark），慕尼黑，甘特·贝尼奇，1967—1972年

荷兰 艾根·哈德住宅区（Eigen Haard housing），阿姆斯特丹，米歇尔·德·克勒克，1921年

美国 TWA航站楼，JFK机场，纽约，埃罗·沙里宁，1958—1962年

意大利 圣·乔瓦尼·巴蒂斯塔教堂（San Giovanni Battista），佛罗伦萨，乔瓦尼·米切卢奇，1960—1963年

 中世纪精神；装饰性工业主义；构成主义；解构主义

 理性主义；纯粹主义

◓ 弗兰克·劳埃德·赖特在美国创造了 "Usonian" 这个词，用来描述他认为的20世纪30年代自己设计的相对便宜的房屋所传递的真正美国价值观。他在自己漫长的职业生涯中成为美国最杰出的建筑师，是寻找表达国家和当代理念的建筑方面的领头者。

◒ 路易斯·沙利文，伯纳·德梅贝克 (Bernard Maybeck)，弗兰克·劳埃德·赖特，查尔斯＆亨利·格林 (Charles & Henry Greene)，阿尔伯特·卡恩 (Albert Kahn)，乔治·豪 (George Howe)，鲁道夫·辛德勒 (Rudolph Schindler)，理查德·纽佐尔 (Richard Neutra)，威廉·莱斯卡兹 (William Lescaze)，路易斯·卡恩 (Louis Kahn)，布鲁斯·戈夫 (Bruce Goff)

◔ 自由；民主；民族认同

● 到了19世纪90年代，美国的建筑开始走上几条截然不同的道路。加州东海岸的鹅卵石风格和海湾风格都结合了复杂的组成和兼收并蓄的细节与创新的室内规划。然而，在芝加哥，建筑师们从钢结构、电梯、工业化的细节和装饰开始打造全新的建筑。主要建

主要建筑

← 耶鲁大学美术馆（Yale University
Art Gallery），纽黑文，康涅狄格
州，美国，路易斯·卡恩，1951—
1954年

卡恩的第一个主要委托是对从欧
洲传入美国的日益平庸的现代主
义的有力批评。在耶鲁大学美术
馆，他在屋顶结构和中央楼梯中
引入了雕塑效果，以表现一个自
由的平面，改变了美国建筑，但与
抽象的表现主义改变绘画的方式
不同。

筑师之一沙利文相信，在建筑中形式来源于它
所服务的主体的本质，就像在自然界中一样。

赖特比他"崇敬的师父"沙利文在寻求
形式和功能之间的统一方面走得更远，这
反映了他对自然的热爱，他称之为"有机建
筑"。他早期的草原住宅以其强烈的水平线
条与地面紧密相连，而其创新的规划引入了
空间和构图的新概念。

20世纪30年代的乌托邦主义的房屋试图
让所有人，至少是更多的美国人都能接触到
这样的建筑。虽然房间空间更加复杂，但为
了降低成本，它们的建造更加简单，同时与
场地和客户的生活方式紧密相连。

赖特的前雇员鲁道夫·辛德勒和理查
德·纽佐尔在搬到加利福尼亚州时发展了一
些这样的原则，但赖特通常对其他建筑师不
屑一顾，特别是对欧洲现代主义者。他与另
一位伟大的美国建筑师路易斯·康的关系也
很模糊，后者也探讨了形式、功能和结构之
间的相互作用。尽管康对欧洲现代主义的社
会理想表现出了一定程度的亲近，但从20世
纪50年代开始，他创作了一系列正式的、创

↞ 格雷格·阿弗莱克住宅（Greg Affleck House），布卢姆菲尔
德山，美国，弗兰克·劳埃德·赖特，1941年

在赖特漫长的职业生涯中，他一直在寻找真正的美国建筑。
20世纪30年代，赖特研究了简单和标准化的施工方法，把
他的建筑带给更广泛的公众。格雷格·阿弗莱克住宅是美式
的住宅之一，通过巧妙的规划，设法在空间、光线和纹理上
创造出创造性的效果。

其他建筑

美国 甘博故居（Gamble House），帕萨迪纳，加利福尼亚州，
老格林和小格林，1908—1909年；洛弗尔海滩别墅（Lovell
Beach House），纽波特海滩，加利福尼亚州，鲁道夫·辛德勒，
1925—1926年；洛弗尔住宅（Lovell House），洛杉矶，加利
福尼亚州，理查德·纽佐尔，1927—1929年；洛伊斯费城酒店
大楼（PSFS Skyscraper），费城，宾夕法尼亚州，乔治·豪和莱
斯卡兹，1929—1932年；巴文格住宅（Bavinger House），诺
曼，俄克拉何马州，布鲁斯·戈夫，1950—2005年

 地域主义；反都市主义；
后现代主义

 理性主义；纯粹主义

造性的设计。作为建筑师和教师，他的影响
是广泛和令人惊讶的。他的学生包括最伟大
的美国后现代主义者查尔斯·摩尔（Charles
Moore）和罗伯特·文丘里（Robert Venturi）。

在1917年十月革命到20世纪20年代末期社会主义现实主义盛行的激进建筑运动中，构成主义是影响最持久的。虽然很大程度上是抽象的和有意识的虚指，一些例子反映了重型工程的强大形式，也许暗示着赤裸但浪漫的科学作为艺术精神，可能取代传统的俄罗斯价值观。

康斯坦丁·梅尔尼科夫（Konstantin Melnikov），弗拉基米尔·塔特林（Vladimir Tatlin），莱昂尼德、维克多·维斯宁和亚历山大·维斯宁（Leonid, Viktor & Alexander Vesnin），伊万·列奥尼多夫（Ivan Leonidov），尼古拉·米柳廷（Nikolai Miliutin）

激进主义；社会冷凝器；实验；前卫；艺术和社会；更新；宣传鼓动

构成主义产生于两个假设：建筑可以反映甚至帮助召唤苏联社会的形成，以及生物学和物理学将为其提供一个理性的基础。因此，艺术传统没有必然需求，通过参与社会进步，建筑将服务于所谓的真实需求。科学过程将产生与传统无关的新形式。

最初，构成主义在有争议的临时性艺术作品中找到了出路，但它的范围很广。米柳廷提出了社会主义城镇的理想形式，而其他人则把注意力转向了"社会冷凝器"，即有助于带来新社会的新建筑和机构。值得注意的是，梅尔尼科夫在莫斯科的工人俱乐部以强有力的、棱角分明的形式出现，借鉴了苏联极力推崇的大型工业建筑，并纪念了工人阶级组织。

弗拉基米尔·塔特林的第三国际纪念碑塔虽然从未超越规划阶段，却支撑了构成主义的困境时期。它的目的是真正的社会主义，形式遵循对数序列，但它也明确地向埃菲尔铁塔的设计发起挑战。

由于热衷于将工程产品开发成一种抽象的形式语言，构成主义属于20世纪20年代早期的实验运动，这些运动构成了现代主义的组成部分。这也是一种不可磨灭的俄罗斯风格，源于俄罗斯有关艺术如何表达日常生活方方面面的激烈讨论。主观性不可避免地介入其中，决定如何将即使是被认为是客观的科学转化为构建形式。因此，构成主义存在于功能设计和主观艺术之间的危险边缘，一旦主观性成为苏联政权的政治怀疑，它就很容易成为靶子。然而，它以地下出版物的形式幸存下来，激励了苏联以外的几代建筑师。

主要建筑

→ 第三国际纪念碑塔，弗拉基米尔·塔特林，1920年
塔特林设计的著名塔式建筑，在重建中捕捉到了结构的活力和临时性。几乎像集市一样的早期构成主义设计的本质。科学和街头艺术的结合将引导人们走向一种新的非资产阶级文化。

其他建筑

俄罗斯《真理报》大厦（Pravda Building）设计，莫斯科，亚历山大·维斯宁，1923年；马列研究院（Lenin Institute），莫斯科，伊凡·列奥尼多夫，1927年；鲁萨科夫俱乐部（Rusakov Club），莫斯科，康斯坦丁·梅尔尼科夫，1927—1928年

乌克兰 第聂伯大坝（Dneprostroi Dam），维克多·维斯宁 1932年

 表现主义；解构主义；功能主义

 理性主义；后现代主义

🕐 建筑师们立即响应了巴黎从印象派开始的视觉文化革命，尽管最初的结果往往是不拘一格和混乱的，我们很难精确捕捉到特定流派给他们带来的影响，但在20世纪20年代后立体主义时期，主要是通过勒·柯布西耶（Le Corbusier），现代艺术和建筑学形成了清晰体现共同元素的美学。

◑ 勒·柯布西耶，安德烈·卢拉特（Andre Lurçat），约瑟夫·哈夫莱切克＆卡雷尔·洪泽克（Josef Havlícek & Karel Honzík），贝特洛·莱伯金（Berthold Lubetkin）

🕐 体积；形式；空间；浅色的；纯粹

⬤ 柯布西耶在开始确定自己的风格时，经历了一段兼收并蓄的、受工艺美术影响的早期职业生涯。他自学成才，把自己救世主般的热情带到世界艺术之都，在1918年的《后立体派》（Après le Cubisme）一书中，他谴责了巴黎美术学院的形式主义，并向立体派宣战，该宣言引入了纯粹主义的概念。

虽然立体主义在视觉艺术上掀起了一场革命，但将立体主义的学说转化为建筑的尝试却不那么成功。柯布西耶标志性的夸张风格似乎完全是在谴责现有的运动，实际上却从中借鉴了很多东西。与立体派一样，纯粹主义绘画以陌生的方式呈现物体，但不是将它们分割，而是强调它们的体积特性。这支持了柯布西耶对建筑的定义，即"建筑就是光线下各种体量的精确的、正确的、卓越的处理"。

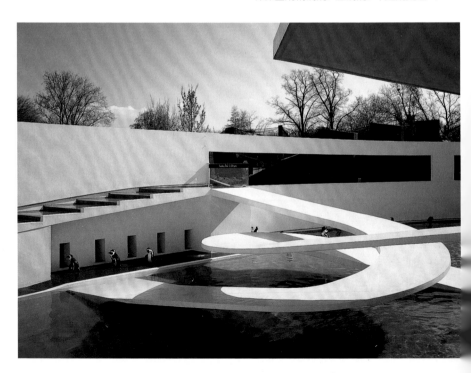

20世纪20年代，柯布西耶发展了与现代主义不可分割的美学空间中延伸的白色墙体，这来自对技术和艺术的欣赏。他认为，新的建筑方法切断了结构和表皮之间的关系，允许建筑在地面升起。屋顶花园在自然和建筑之间创造了一种新的关系，长而水平的窗户与传统开窗完全不同方式的框景。

柯布西耶在这个阶段相信工业生产会将物体提炼成它们的基本形式，成为建筑设计的关键组成部分，这一点符合理性主义。然而，他的思想继续演变，从20世纪30年代开始，他的作品在保留强烈的形式感的同时，逐渐获得了一种刻意的粗野感。

理性主义；新古典主义；
功能主义；构成主义

装饰性工业主义；
表现主义；后现代主义

主要建筑

↑ 萨伏伊别墅（Villa Savoye），泊西，法国，勒·柯布西耶，1929—1931年

"居住机器"是柯布西耶在20世纪20年代对住宅的定义。这个设计浓缩了他当时的许多想法。它的纯粹美学体现在其明确定义的、巧妙安排的元素，蕴含在底层架空柱、水平长窗、屋顶花园和内部精心设计的长廊中。

← 企鹅池（Penguin Pool），摄政公园动物园，伦敦，英国，贝特洛·莱伯金，1934年

莱伯金深受柯布西耶纯粹主义美学的影响，以其白色的形式和体量。在双螺旋坡道上也展示了他来自俄罗斯构成主义思想的继承，创造了最令人难忘的英国现代主义形象。

其他建筑

法国 拉罗歇别墅（Maisons Laroche Jeanneret），巴黎，勒·柯布西耶，1923年；加歇别墅（Villa Stein），加尔奇，勒·柯布西耶，1927年；修拉别墅（Villa Seurat），巴黎，安德烈·卢拉特，1925—1926年

捷克共和国 国家养老金办公室（State Pensions Office），布拉格，哈夫莱切克和洪泽克，1929—1933年

20世纪早期，建筑与理性主义之间的关系受到了两种发展的密切关注。理性主义提供了完全用工厂制造的部件建造建筑的可能性，获得了一个新的美学维度。与此同时，科学的进步为人类的疾病提供了治疗方法，采用这些方法成为一种道德上的义务。建筑理性主义是技术进步和社会承诺相结合的结果之一。

沃尔特·格罗皮乌斯（Walter Gropius），密斯·凡·德罗，恩斯特·梅（Ernst May），勒·柯布西耶，格里特·里特维尔德（Gerrit Rietveld），汉内斯·迈耶（Hannes Meyer），雅各布斯·约翰内斯·彼得·奥德（Jacobus Johannes Pieter Oud）

工业生产；理性平面；结构

改善社会环境的建筑设计始于19世纪中期，而关于新技术是否需要新建筑形式的争论则更为久远。然而，正是在第一次世界大战结束时席卷欧洲的社会动荡将这两种趋势融合成了理性主义。无论是在苏联还是在民主德国，理性主义的思想在很大程度上把规划置于个体建筑之上，就像"社会"应该优先于"个人"一样，这使得"修辞"对新政权更有吸引力。建筑似乎能够借助科学进步带来新的社会秩序。"新客观性"一词是在德国创造的，它暗示了一些最好的作品所隐含的哲学深度。

理性主义带来了大量大规模住宅的开发，尤其是在法兰克福和柏林。许多建筑只是披着薄外衣的传统建筑，不过法兰克福的恩斯特·梅和格罗皮乌斯在白院聚落（Weissenhofseidlung）的房子里确实尝试了预制和工业生产。但是，像格罗皮乌斯的包豪斯和柯布西耶的房屋等单体建筑的正式力量，才是最引人注目的地方。它们为"新建筑"提供了令人难忘的即时识别图像，并最终使其他表现形式黯然失色。

理性主义的基本形式，以及大的开口，模糊了传统的前后或内外边界，成为现代建筑的共同关键词。1932年，亨利-拉塞尔·希区柯克（Henry-Russell Hitchcock）和菲利普·约翰逊（Philip Johnson）去美国纽约现代艺术博物馆展览的时候只需要带上照片，无需在社会层面暗中做什么文章。理性主义从一种与工业生产交织在一起的社会进步完全转换为美学。

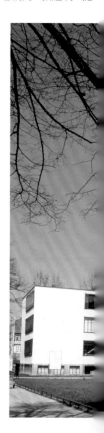

主要建筑

— 住宅群，白院聚落，斯图加特，德国，雅各布斯·奥德，1927年

德国工业联盟规划设计了白院聚落来展示住房"新建筑"的潜力。它成为了理性主义朴素而有纪律的表现形式的橱窗。密斯·凡·德罗的总体规划结果掩盖了其唯恐会呈现出明显的均匀结构的本质。

↓ 德绍包豪斯学院（Bauhaus Dessau），德国，沃尔特·格罗皮乌斯，1926年

格罗皮乌斯在1919年成为包豪斯学院的负责人，当时包豪斯学院位于魏玛，政治上的困难迫使其搬到了德绍，让格罗皮乌斯有了设计新家园的机会。风车形平面故意使所有的立面匀质化，彰显着活力，而巨大规模的玻璃墙是对生产它的工业技术的纪念。

其他建筑

巴塞罗那国际博览会德国馆（Barcelona Pavilion, Barcelona International Exhibition），西班牙，密斯·凡·德罗，1929年，施罗德住宅（Schroder House），乌得勒支，荷兰，格里特·里特维尔德，1924—1925年

 唯物主义：结构理性主义；社团主义

 表现主义：后现代主义；极权主义

功能主义是一种信仰，即形式可以通过人为培养来适应它们所服务的功能。这为正式的发明提供了一个假定的客观基础，并表明建筑可以源于人类的需求，而不是传统或等级制度。它很快成为现代主义及其遗产中最令人担忧的方面之一，到目前也依然是这样。

路易斯·沙利文，弗兰克·劳埃德·赖特，雨果·哈林（Hugo Häring），汉斯·夏隆（Hans Scharoun），阿尔瓦·阿尔托（Alvar Aalto），詹姆斯·斯特林（James Stirling）

功能；形式；过程；工业

虽然形式遵循功能的理念在20世纪20年代早期的现代主义实验中就已经存在，但它的起源要早得多。法国启蒙时期的建筑理论家们破坏了传统的对古典形式权威的信仰，而德国哲学家黑格尔的美学认为，建筑的起源在于为特定的社会活动提供圈长或服务功能。到19世纪中叶，新功能如何重振建筑与新材料的作用同样是一个迫切需要

主要建筑

- **柏林爱乐音乐厅，柏林，德国，汉斯·夏隆，1960—1963年**
夏隆是20世纪20年代作为现代建筑形式基础的功能主义的主要倡导者之一。这个音乐厅是他的杰作。礼堂的组织优化了音质和每个座位的视线。产生了整体形式。不同层次的座位在不规则的平面上。

解决的问题，也是具有影响力的法国巴黎美术学院的教学核心。

20世纪20年代末，功能主义不可避免地与雨果·哈林和汉斯·夏隆等建筑师的有机自由形式联系在一起，他们将建筑视为人类活动的工具。正是这种社会需求的注入，让功能主义超越了表现主义，而其不规则的、时而尴尬的形式，将其与理性主义假定的客观性对立起来。

由于与柯布西耶的分歧，功能主义者被逐出现代主义的主流，他们在斯堪的纳维亚找到了慰藉。例如，瑞典的贡纳尔·阿斯普伦（Gunnar Asplund）与当地的乡村爵士（Funkis）运动关系密切，尽管他的作品也带有新古典主义的元素。但是，芬兰人阿尔瓦·阿尔托将自由形式和自然材料结合起来，围绕着人类的需求，展示了功能主义思想如何比功能主义更人性化。这一现代主义流派有时被称为"其他传统"，反对围绕柯布西耶和密斯·凡·德罗的主流，在20世纪50年代和60年代重新出现，以夏隆的柏林爱乐音乐厅（Berlin Philharmonie）为顶峰。

运动中最具天赋的建筑师赋予了功能一种象征意义，这也印证了奥地利哲学家维特根斯坦（Wittgenstein）的观点："意义在于使用。"这为他们的建筑注入了一剂抗平庸的预防剂。功能主义在20世纪60年代开始衰落。

↓ **市政厅，塞伊奈约基，芬兰，阿尔瓦·阿尔托，1958—1960年**
阿尔托宣称，"公共   和普通的世俗建筑应该处于某种相当神秘的和谐之中"，这揭示了他的功能主义概念的象征性和社会性的一面。开放的一楼，冲破屋顶的主房间，以及他在这个城镇中心的其他设计的关系，都支持着他的自由人文主义的概念。

其他建筑

礼堂，芝加哥，伊利诺伊州，美国，路易斯·沙利文，1887—1889年；联合教堂（Unity Temple），橡树公园，芝加哥，弗兰克·劳埃德·赖特，1905—1907年；伽考农庄（Garkau Farm），吕贝克附近，德国，雨果·哈林，1924—1925年；莱斯特大学工程大楼，英国，詹姆斯·斯特林（与詹姆斯·高恩合作），1959—1963年

 表现主义：构成主义

 后现代主义：解构主义

土地越值钱，建高楼就越有吸引力。自19世纪后期以来，摩天大楼利用了建筑师的聪明才智，既解决了商业和艺术之间的平衡，又应对了高层建筑的纯粹技术和视觉挑战。

威廉·勒巴伦·詹尼（William Le Baron Jenney），丹尼尔·伯纳姆，理查德·什里夫，威廉·兰姆和亚瑟·哈蒙（Richard Shreve, William Lamb & Arthur Harmon），雷蒙德·胡德（Raymond Hood），威廉·凡·艾伦（William Van Alen），密斯·凡·德罗，华莱士·哈里森（Wallace Harrison），休·斯图宾斯（Hugh Stubbins），塞萨尔·佩利（Cesar Pelli）

高度；空中轮廓线；"社会事实"；"形式服从财务"；阳具（权力）象征

19世纪下半叶，安全电梯和钢框架这两项技术的发展使高层建筑尽可能的实用。特别是在芝加哥，从19世纪70年代开始，像威廉·勒巴伦·詹尼、丹尼尔·伯纳姆和路易斯·沙利文这样的建筑师开始意识到，扩大的体量和新的结构彻底改变了建筑传统。对于沙利文来说，高度是"令人兴奋的"，他的文章《高层办公大楼在艺术方面的考虑》（The Tall Building Artistically Considered）是发展摩天大楼设计理论的第一次尝试。他从钢结构的尺寸中获得了优雅的比例，并从自然形式中获得了创造性装饰的灵感。

到了20世纪20年代，芝加哥继续吸引创新的高层建筑设计。1922年为《芝加哥论坛报》（Chicago Tribune）设计一座塔楼的竞赛吸引了来自世界各地的参赛作品。然而，纽约成了摩天大楼设计的中心，威廉·凡·艾伦的克莱斯勒大厦（Chrysler Building，1930年）和帝国大厦（Empire State Building，1931年）争夺世界最高的建筑。两座建筑都支持沙利文的观点，即人口的增长和对办公场所的需求将导致在较小的地点建造更大建筑的结果，而这只能通过向上发展来实现，以高耸的尖塔来表达向上的运动。洛克菲勒中心（Rockefeller Center）探索了商业城区的想法，以雷蒙德·胡德的RCA大楼为中心，混合了高层和中高层建筑。

1945年之后，芝加哥在摩天大楼设计方面重新取得了领先地位，这主要得益于SOM建筑设计事务所的聪明才智，该公司减少了特定结构中的钢材用量，从而使成本最小化，租金最大化。最近，亚洲蓬勃发展的经济证实了高层建筑与企业繁荣之间不可磨灭的联系。

主要建筑

- **克莱斯勒大厦，纽约，美国，威廉·凡·艾伦，1930年**

克莱斯勒大厦拥有爵士时代的装饰，再加上建筑师和客户想要确保他们的建筑将是世界上最高的，由此设计的针状尖顶，使其成为20世纪20年代摩天大楼设计的本质。就在华尔街崩盘削弱了人们对资本主义的信心之后，后来的摩天大楼在设计上会更加冷静。

- **西格拉姆大厦（Seagram Building），纽约，密斯·凡·德罗与菲利普·约翰逊，1954—1958年**

自从1938年来到美国以后，密斯从对框架结构的深刻解读中发展出了一种强大的美学。在西格拉姆大厦，他试图传达高楼的本质。这种本质通常被描述为理性而平凡的，而实际上它是模棱两可、随处可见的。

其他建筑

美国《芝加哥论坛报》大厦（Chicago Tribune Tower），伊利诺伊州，雷蒙德·胡德，1925年；帝国大厦，纽约，什里夫、兰姆和哈蒙，1931年；RCA大楼，洛克菲勒中心，纽约，华莱士·哈里森等人，1931—1940年；湖滨大道860号&880号公寓（860—880 Lake Shore Drive），芝加哥，密斯·凡·德罗，1950—1951年；花旗集团中心（Citicorp Center），纽约，休·斯图宾斯，1977年

马来西亚 石油双塔（Petronas Towers），吉隆坡，塞萨尔·佩利，1998年

 极权主义；社团主义

 生态主义；地域主义

极权主义政权与早期的政治暴政的区别在于它们掌握技术资源的范围，以及它们能够行使的控制程度。它们有手段和动机来协调巨大的力量，从而加强自己的权威，其结果反映了意识形态中固有的两难境地：既要宣扬自己的技术实力，又要唤起历史和民族主义的参考。

阿列克谢·舒舍夫（Alexei Shchusev），保罗·特罗斯特（Paul Troost），马塞洛·皮亚森蒂尼（Marcello Piacentini），列夫·鲁德涅夫（Lev Rudnev），鲍里斯·约凡（Boris Iofan），朱塞佩·特拉尼（Giuseppe Terragni），阿尔伯特·斯佩尔（Albert Speer）

权力；巨构主义；历史主义；手势

20世纪30年代和40年代的欧洲极权主义政权，例如纳粹德国、法西斯意大利和苏联，利用建筑来扩展国家政策。这三个国家较早培育了重要的先锋派。这些政权如何对待自己的先锋派，可以洞察建筑在其意识形态中的不同角色，并有助于回答极权主义围绕建筑和社会之间的关系提出的问题。

在意大利，先锋派建筑幸存下来，成为国家官方建筑的一部分。在为移民儿童建造的用于享受国家假日的殖民地，以及法西斯的总部和在全国各地涌现的火车站，都可以找到对现代主义的不同解释。其效果是通过建筑赞助创造一个国家从未经历过的象征性和操作性的统一。

在最好的情况下，这种支持产生了理性主义的杰作，比如朱塞佩·特拉尼在科莫的法西奥大楼（Casa del Fascio），这座建筑因其严格的复杂构造、细节和组成而吸引了建筑知识分子，并挑战了19世纪所认为的不健康的社会产生了糟糕建筑的假设。但是，意大利理性主义与法西斯主义不可磨灭的联系激起了法西斯时期的幸存者埃内斯托·罗杰斯（Ernesto Rogers）的反对理性主义，他在战后创作的维拉斯加塔楼（Torre Velasca）预示着地域主义。

纳粹和苏联政权对他们的先锋派遗产更加残酷，野心也更加狂妄。阿尔伯特·斯佩尔为阿道夫·希特勒（Adolf Hitler）重新规划了柏林，试图重建一个万神殿。早些时候，他在纽伦堡广阔的齐柏林广场（Zeppelin Field）成为莱尼·瑞芬斯塔尔（Leni Riefenstahl）宣传电影的背景，证明了马克思主义者沃尔特·本杰明（Walter

主要建筑

← 罗蒙诺索夫大学（Lomonosov University），莫斯科，俄罗斯，列夫·鲁德涅夫，1947—1952年
斯大林秘密派遣他的建筑师们到美国学习摩天大楼建设，准备设计著名的"七姐妹"建筑群，在整个莫斯科宣扬布尔什维克价值观，指挥城市的战略观点。莫斯科国立大学位于一座240米高的塔楼中，两侧是学生宿舍的四个侧翼。它的装饰同样反映了布尔什维克的意识形态。

← 法西奥大楼，朱塞佩·特拉尼，科莫，意大利，1932—1936年
这座建筑是对宫殿的一种优雅而鲜明的重新诠释，既是办公室，也是法西斯集会的场所。它的比例和几何形状非常复杂，代表了意大利理性主义的具体情况，身处社会现代化和艺术表达的夹缝之间，也对历史表迷。

其他建筑

列宁陵墓（Lenin's Mausoleum），莫斯科，俄罗斯，阿列克谢·舒舍夫，1924—1930年；堤岸大楼（公寓群）[House on the Embankment (apartment complex)]，莫斯科，鲍里斯·约凡，1928—1931年；德国艺术之家（House of German Art），慕尼黑，德国，保罗·特罗斯特，1933—1937年；罗马RUR公寓（Roma EUR），意大利，马塞洛·皮亚森蒂尼等人，1937—1942年；联邦总理府，柏林，德国，阿尔伯特·斯佩尔，1938年；文化科学宫（Palace of Science and Culture），华沙，波兰，列夫·鲁德涅夫，1955年

Benjamin）的观点，即法西斯主义代表了政治的极端审美化。

在俄罗斯，柯布西耶的苏维埃宫（Palace of the Soviets）"结婚蛋糕式设计方案"（stalin wedding cake）被否决了，蛋糕顶部是一座巨大的列宁雕像，这标志着他与先锋派的明显决裂。虽然在城市规划中保留了一些构成主义的思想，但建筑获得的只是对传统装饰的乏味模仿。

 前古典主义；纪念性都市主义，虔敬主义；摩天楼主义

 理性主义；生态主义；地域主义

社团主义描述了从19世纪晚期开始出现的建筑分支，以满足大型企业的功能和审美需求。美国在企业管理和施工技术方面走在了前列，为新的建筑形式创造了可能，并服务于大型企业的功能和审美需求。虽然与功能主义和理性主义有关，但美国企业的具体影响使社团主义具有鲜明的特征。

路易斯·沙利文，弗兰克·劳埃德·赖特，阿尔伯特·卡恩，密斯·凡·德罗，菲利普·约翰逊，埃罗·沙里宁，SOM建筑设计事务所

现代主义；功能主义；管理；企业形象；产业；业务；尺度；理性

20世纪20年代，包括阿尔伯特·卡恩在内的美国建筑师设计的工厂看起来与欧洲现代大师们设计的任何工厂一样实用，而这些工厂在运营中可能更实用。在接下来的10年里，赖特设计了威斯康辛州庄臣公司（Johnson Wax）标志性的总部大楼，设计出了反映商业组织新原则的办公室。更常见的是，建筑师遵循了路易斯·康对建筑生产（用于工厂）和总部建筑表现之间的区别。底特律、芝加哥和纽约的市中心与城市边缘地区的制造工厂形成了鲜明的对比，这些工厂即使不是彻头彻尾的历史主义者，也被大肆装饰。

亨利-拉塞尔·希区柯克和菲利普·约翰逊1932年在纽约的现代艺术博物馆展览，通过将欧洲现代主义的异质线索呈现为一个单一的统一实体，定义了"国际风格"，暗示了卡恩作品的特点是没有意义的。在大萧条和第二次世界大战后，那些希望拥有文化素养和同时代人的企业接受了这一信息。例如，SOM建筑设计事务所纽约公园大道的利华大厦（Lever House，1952年）将高耸入云的塔楼与地面上的裙房相结合。这座大厦有24层，很快就被密斯·凡·德罗对面的西格拉姆大厦盖过了风头。

很快，随着美国经济一路走向全球霸权，钢铁和玻璃打造的摩天大楼遍布北美城市。随着企业的力量开始主宰公众生活，工业美学已经开始主宰企业形象。

主要建筑

→ 庄臣公司总部，拉辛，威斯康星州，美国，弗兰克·劳埃德·赖特，1936—1939年（实验室塔1944—1950年）

在这里，赖特为每个公司功能设置了一个适合其特定需求的区域。每个区域光线从上面照射进来，都鼓励员工专注于自己的工作。赖特还为行政大楼设计了家具。从外面看，它似乎是一堆红砖建筑，直到后来，塔的添加才成为焦点。

低矮的园区往往将研究实验室和工厂结合在一起，埃罗·沙里宁为拖拉机制造商约翰迪尔（John Deere）设计的总部（或他的通用汽车技术中心）将事实和功能美学与企业形象结合在一起，令人印象深刻。美国建筑师兼工业设计师艾略特·诺伊斯（Eliot Noyes）在为IBM和美孚（Mobil）工作时，向人们展示了企业形象可以成为企业政策的一种工具。直到20世纪70年代的全球冲击才表明商业与设计之间还有其他关系。

← 利华大厦，公园大道，纽约，美国，SOM建筑设计事务所，1952年

这座为利华兄弟公司建造的建筑证明了欧洲现代主义可以适应企业的需求。它干净而明显合理的设计似乎反映了商业效率和对新技术的开放。塔和板的设计想法被广泛模仿。后来的设计开创了精细尺寸建筑的先例，以协调室内布局和家具，创造企业环境。

其他建筑

美国 担保大厦（Guaranty Building），布法罗，纽约，路易斯·沙利文，1895年；拉金大厦（Larkin Building），布法罗，弗兰克·劳埃德·赖特，1905年；福特玻璃厂（Ford Glass Factory），底特律，密歇根，阿尔伯特·卡恩，1922年；约翰迪尔行政大楼，莫林，伊利诺伊州，埃罗·沙里宁，1957—1963年

 理性主义；乌托邦主义；后现代主义

 构成主义；生态主义

尽管粗犷主义经常被用于任何战后时期不受欢迎的建筑，但它有着更具体的起源和更严格的定义。1954年，"新粗犷主义"一词首次被用于一群以彼得·史密森（Peter Smithson）和艾莉森·史密森（Alison Smithson）为中心的年轻英国建筑师，他们痴迷于对材料、形式和功能的原始表达。

勒·柯布西耶，路易斯·卡恩，保罗·鲁道夫（Paul Rudolph），彼得＆艾莉森·史密森，詹姆斯·斯特林

诚实；材料；"另一种建筑"

二战后，英国为福利国家服务的大规模公共建设项目很快采用了现代主义，但由于材料和知识的短缺，很多现代主义只是名义上的。德国学者鲁道夫·威特科尔（Rudolf Wittkower）对文艺复兴时期建筑的开创性分析，以及柯布西耶和密斯明显严谨的新作品，这两种不太可能的结合激发了年轻建筑师们为他们的工作寻找更可靠的知识基础。他们通过将"诚实对待材料"这一古老原则的极端应用移植到密斯为伊利诺伊理工大学（Illinois Institute of Technology，1939—1956年）设计的形式中发现了这一点。史密森夫妇在诺福克的亨斯坦顿学校（Hunstanton School）刻意以非常清晰的方式，暴露其所有的结构、材料和服务功能。

这场运动的编年史家雷纳·班纳姆（Reyner Banham）认为，粗犷主义更多的是"伦理"而非"美学"。它有意识地试图创造

一个超越传统和传统品位的建筑，通过不掺和的材料和不妥协的形式来创造效果。在柯布西耶使用原始混凝土（béton brut）之后，人们开始使用原始状态的混凝土，甚至精细到防止其风化，更不用说任何形式的涂层，而这被认为是"不道德的"，给争论带来了情绪上的刺激。我们也许很难忽视史密森夫妇的萨格登住宅（Sugden House）中巧妙放置窗户的美学效果，或者他们细节精妙的《经济学人》杂志总部大楼（Economist Complex）。但建筑师会说，这是来自普通物体的逻辑定位，而不是特定的美学意图。

粗犷主义在英国以外也有类似的作品：例如，保罗·鲁道夫在美国设计的具体条纹；在瑞典，20世纪50年代，西格德·莱伦茨（Sigurd Lewerentz）用原始但不粗糙的材料和形式表明他在离开建筑界30年后重新回归，而不是用他早期大胆的新古典主义风格。

↑**拉图雷特修道院（La Tourette Monastery），艾布舒尔阿布雷伦，法国，勒·柯布西耶，1957—1960年**
柯布西耶在自己晚期的作品之一中探索了混凝土创造各种纹理、形式和照明条件的潜力。拉图雷特修道院因使用了原始混凝土而接近粗犷主义的精神气质。粗犷主义的拥护者更愿意把它看作是一种伦理，而不是一种美学。

其他建筑

萨格登住宅，沃特福德，英国，彼得·史密森和艾莉森·史密森，1955—1956年；《经济学人》杂志总部大楼，伦敦，英国，彼得·史密森和艾莉森·史密森，1959—1964年；公寓，汉姆康芒（Ham Common），伦敦，詹姆斯·斯特林（与詹姆斯·高恩合作），1955—1958年；艺术与建筑大厦（Art and Architecture Building），耶鲁大学，纽黑文，康涅狄格州，美国，保罗·鲁道夫，1958—1964年

主要建筑

亨斯坦顿学校，诺福克，英国，彼得·史密森和艾莉森·史密森，1949—1954年
史密森夫妇将密斯的理性主义美学简化到最低限度，设想将每一个元素都建立在客观的"事实"基础上，作为建筑的起点，除了自身或功能，不涉及任何东西。

 功能主义；理性主义；纯粹主义

 后现代主义；解构主义

后现代主义

结构主义借鉴了人类学的见解，特别是克洛德·列维-斯特劳斯（Claude Levi-Strauss）的见解，提出社会关系和人类行为的潜在模式可以为建筑形式提供一个基础，以避免传统现代主义的枯燥和技术驱动下的平凡。

拉尔夫·厄斯金（Ralph Erskine），雅各布·贝克马（Jacob Bakema），奥尔多·凡·艾克（Aldo Van Eyck），赫尔曼·赫茨伯格（Herman Hertzberger）

分组；装配；社会的形成；交互

第二次世界大战后的城市重建似乎给了现代主义渴望的一张白纸，以证明其创造城市的能力。但是在国际现代建筑协会（Congrès International d'architecture Moderne）内部，关于纪念碑和等级等主题的辩论很快就产生争议。该协会自1928年成立以来就定义了现代主义的正统观念。

在1939年之前，结构主义由年轻的建筑师们领导，他们拒绝把技术作为建筑的生成器，并寻找在历史变化中保持不变的原型。奥尔多·凡·艾克是其中的主要人物，他游历了北非，并接受了克劳德·列维-斯特劳斯的观点，即社会结构源自底层的关系网络。在这些社会结构中运作能给生活带来了意义和丰富，而处于结构之外的则是一种流放。

列维-斯特劳斯把一个概念从语言学改编到人类学。在将概念转移到体系结构上时，凡·艾克声称，建筑师的任务是识别上述模式。虽然建筑的形状和空间显然需要物理形式，但它需要培养而不是阻碍社交，它的审美表达是

次要的。然而，结构主义建筑几乎不可避免地将原本应该是灵活的社会结构固化为固定的物理结构，它们的形式成为可识别的图像。

凡·艾克是十次小组（Team X）的主要成员，十次小组是20世纪50年代将国际现代建筑协会推向顶风的年轻一代建筑师。小组的其他几个成员，提出了大型城市规划，声称从潜在而抽象的互动模式中衍生出来，其中包括彼得·史密森和艾莉森·史密森。甚至柯布西耶也在他最后一个项目中加入进来，这个项目是威尼斯的一家医院，它有一个巨大的优势，就是从来没有真正建造出来。然而，这些方案中最成功的是康迪利斯＆若西克＆伍兹设计事务所（Candilis-Josic-Woods）为柏林自由大学（Frei Universität）设计的总体规划，其中的自由主义理念和开放课程与结构主义有着密切的联系。

主要建筑

→ 比尔希中心办公大楼（Centraal Beheer Office），阿珀尔多恩，荷兰，赫尔曼·赫茨伯格，1970—1972年
赫茨伯格对现代办公室的开创性设想是，将空间分解为一系列重复的小单元，提供视野和它们之间的联系，通常包含公共设施，所有这些都在一个整体体量内。

其他建筑

阿姆斯特丹孤儿院，荷兰，奥尔多·凡·艾克，1957—1960年；柏林自由大学，德国，康迪利斯＆若西克＆伍兹设计事务所，1963—1979年；蒙特梭利学校（Montessori School），代尔夫特，荷兰，赫尔曼·赫茨伯格，1966—1970年；卡莱尔学院（Clare Hall College），剑桥大学，英国，拉尔夫·厄斯金，1967年；精神病院，雅各布·贝克马，米德尔哈尼斯，荷兰，1973—1974年

地域主义；生态主义；构成主义；粗犷主义；新陈代谢派

理性主义；后现代主义

尽管存在巨大的气候和社会差异，现代主义依然坚持一致性，而地域主义就是对这种一致性的反映，虽然它的定义因地点而异，但将地域主义的表现联系成一种连贯的趋势，甚至是一种正式的、运动的，是对响应当地条件的设计的共同承诺，往往借鉴了本土传统和现代主义。

哈桑·法蒂（Hassan Fathy），路易斯·巴拉干（Luis Barragán），布鲁斯·戈夫，奥斯卡·尼迈耶（Oscar Niemeyer），埃内斯托·罗杰斯，杰弗里·巴瓦（Geoffrey Bawa），查尔斯·科雷亚（Charles Correa），拉杰·雷瓦尔（Raj Rewal）

适当的技术；重新解释；适应；地方

随着现代主义成为整个西方的建筑选择，人们很快发现，尽管现代主义的进步品质普遍适用，但其先祖使用的材料、形式和施工技术却难以转移。柯布西耶在印度昌迪加尔新城面临着这些挑战，在那里，他和其合作者马克斯·弗莱（Max Fry）和简·德鲁（Jane Drew）意识到印度的气候和其建筑行业都需要适应。

从俄克拉荷马州热情和折衷的布鲁斯·戈夫到斯里兰卡细腻敏感的杰弗里·巴瓦，许多建筑师找到了自己的方法，利用当地材料和参考当地传统，融合了一些现代主义形式原则。

建筑评论家肯尼斯·弗兰普顿（Kenneth Frampton）著名的文章《走向批判的地区主义》（*Towards a Critical Regionalism*）回顾了几十年前开始的一种趋势，提供了理论合法性，通过气候、光线和地形等当地条件来调节现代主义目标。

地域主义尤其在对国际现代主义持批判立场并具有政治目的的地区蓬勃发展，例如拉丁美洲和印度。路易斯·巴拉干在墨西哥工作，而奥斯卡·尼迈耶是在巴西，他们都代表了现代主义的活跃变体，支持在这两个国家的创新工程，帮助生产优秀的动态形式和风趣的配色方案，这些设计至少与那些符合包豪斯风格的理念一样符合本国的传统。

印度建筑从表面上看不那么壮观。对于像查尔斯·科雷亚和拉杰·雷瓦尔这样的从业者来说，遗产很重要，但无法恢复。遗产提供了类比，而不是复制的模型，而现代主义暗示了传统印度建筑中不存在的社会目标。他们的工作是二者的精粹。

主要建筑

↑ 议会大厦，科特（科伦坡外），斯里兰卡，杰弗里·巴瓦，1979—1982年
作为一个与科伦坡地带呈轴向关系的岛屿建筑体，这个后殖民时期的纪念碑代表着典型的地域主义，在现代主义的框架内融合了当地的空间和材料概念。

← 尼特罗伊当代艺术博物馆（Niteroi Museum of Contemporary Art），里约热内卢，巴西，奥斯卡·尼迈耶，1991—1996年
在尼迈耶漫长的职业生涯中，巴西发展了自己活跃的现代主义传统。一个常见的主题是他对混凝土结构的创造性使用，这里支撑着一个宇宙飞船般的形式，似乎泰然自若地掠过了海湾。

其他建筑

新古尔纳（New Gourna），卢克索附近，埃及，哈桑·法蒂，1948年；工业宫展览馆（Palace of Industry exhibition building），圣保罗，巴西，奥斯卡·尼迈耶，1951—1954年；维拉加塔楼，米兰，意大利，埃内斯托·罗杰斯，1954—1958年；甘地故居博物馆（Gandhi Ashram Museum），艾哈迈达巴德，印度，查尔斯·科雷亚，1963年；洛斯·克鲁布斯（Los Clubes），墨西哥城，墨西哥，路易斯·巴拉干，1967—1968年

 生态主义；结构主义

 合理主义；社团主义

新陈代谢派成立于1960年，是一群才华横溢、智力强大的日本建筑师，他们在第二次世界大战结束后迅速走向成熟。该团体的焦点反映并回应了社会正在经历的快速经济增长和技术变革的关注。作为一个团体，他们提供了一个平台，使日本建筑可以从总体上产生国际影响。

丹下健三（Kenzo Tange），槙文彦（Fumihiko Maki），菊竹清训（Kiyonori Kikutake），黑川纪章（Kisho Kurokawa）

共生；沟通；技术；信息

现代主义在日本有着悠久的历史，也有一些杰出的实践者，但在20世纪50年代，日本传统的遗产和快速的经济扩张帮助形成了与欧洲根源的决定性决裂。丹下健三成了新陈代谢派的大师，他试图将日本传统的精髓融入他的建筑中，通过类比而不是字面上的复制来引用它。另一个重要的影响是柯布西耶的晚期作品，比如1958年布鲁塞尔世界博览会上的飞利浦馆（Philips Pavilion），这是一个基于数学原理而产生的英勇且宏伟的形式。

但正是消费电子产品的出现，促使新陈代谢派学家在1960年的东京世界设计大会（Tokyo World Conference of Design）上成立了一个小组。从晶体管收音机开始，一直延续到今天的互动手机、电子产品，他们认为，

主要建筑

— **中银胶囊塔**（Nagakin Capsule Tower）东京，日本，黑川纪章，
1972年

新陈代谢派认为，大规模的技术将意味着私人空间可以被分解成大量服务的"舱"，就像这座高楼里的单个太空舱。它们将通过通信和交通工具连接起来，构成城市的公共区域。

↘ **东京市政厅**，日本，丹下健三，1991年

丹下健三是日本20世纪下半叶最具影响力的建筑师，他的思想对新陈代谢学派产生了巨大的影响。他后期的这个作品展示了他对大胆形式和技术使用的关注。200多米高的双塔是东京最高的建筑之一。通过在顶部设置公共空间，建筑重新捕捉到了新陈代谢派的一些希望，即技术将重新配置公共领域和私人领域之间的关系。

其他建筑

日本 菊竹清训自宅（Sky House），东京，菊竹清训，1959年；
立正大学（Rissho University），熊谷，槙文彦，1967—1968年；
索尼大厦（Sony Tower），大阪，黑川纪章，1976年

 技术主义；粗犷主义；结构主义；
地域主义

 后现代主义；新古典主义

这完全改变了公共区域和私人区域之间的区别。人们可以在任何地方收听广播，也可以在公众视野中从事私人活动。他们相信，这对住宅有着深远的影响，他们视住宅为充满科技的胶囊，视公共机构为网络和节点，视城市为新体验的游乐场。它们的生动形象在很大程度上要归功于科幻小说。

1970年的大阪世界博览会让日本的经济实力和新陈代谢派引起了世界的关注，但那时这一群体已经开始出现分歧。从未成为正式成员的矶崎新（Arata Isozaki）把柏拉图式的元素形式看作是电子海洋中的排序设备。然而，虚拟领域和现实领域之间的关系仍然是日本建筑的核心关注点。

后现代主义在建筑上指的是20世纪60年代以来的各种趋势，试图拓宽建筑所能传达的参考和意义的范围，而现代主义的正统似乎被扼杀了。它的来源从纯粹的历史参考到流行文化，但将这些趋势联系在一起的是对形式和意义上的多元主义的承诺。后现代主义以某种形式开始阐述建筑如何重新融入地方、传统和社区。

查尔斯·摩尔，罗伯特·文丘里，丹尼斯·斯科特·布朗（Denise Scott Brown），詹姆斯·斯特林，迈克尔·格雷夫斯（Michael Graves），汉斯·霍莱因（Hans Hollein），特里·法雷尔（Terry Farrell），罗伯特·斯特恩（Robert Stern），约翰·乌特勒姆（John Outram），莱昂·克里尔（Leon Krier）

语法：彼此兼顾；参考；讽刺的；多元化；"或者"；象征意义

现代主义在第二次世界大战后成为全球建筑的主导力量，这暴露了它在处理语境和创造意义方面的局限性。后现代主义是建筑界对此的具体回应，尽管作为一种对现代主义的批评，它与当时出现的政治和社区不满的爆发有一定的联系。

罗伯特·文丘里是后现代主义第一个代表，也是最博学的人。《复杂性与矛盾性》（Complexity and Contradiction，1966年），以及他母亲在费城的房子（1965年）是两个开创性的作品，他提出并实现了一个富有象征意义、层叠、模棱两可和暗示的建筑，并引用历史和文学批评来支持他的案例。作为路易斯·康的学生，文丘里试图将现代主义从他所认为的公司现代主义的平庸走向与传统和意义的接触，而不是完全推翻它。这为美国的后现代主义奠定了模式基础，现代主义和"后现代主义"之间的区别往往归结于外墙系统，比如菲利普·约翰逊的社团主义建筑美国电话电报公司大楼（AT&T tower）或迈克

↑国家美术馆（Staatsgalerie），斯图加特，德国，詹姆斯·斯特林，1977—1984年
除去新古典主义的参考，比如飞檐，证实了斯特林的不朽倾向，但这种不朽是追随现代主义之后的。俗丽的色彩暗示了文化参考的是复杂混合的民粹元素，而在地下室，一些墙壁碎屑散落在地面上，就像被打了孔一样，揭示了所有形式的石雕背后都有一个现代主义的钢框架。

尔·格雷夫斯的许多作品例子。

在欧洲，现代主义既是社会民主政治的表现，也是商业的表现，后现代主义有着不同的变化。查尔斯王子的顾问莱昂·克里尔认为，现代主义完全是一种破坏社会的异常现象。奥尔多·罗西（Aldo Rossi）将城市形态的潜在模式作为建筑的唯一相关基础——与传统保持联系，但不公开引用。对传统的引用解放了詹姆斯·斯特林不朽的形式感。

主要建筑

凡丘里母亲住宅（Vanna Venturi House），栗山，宾夕法尼亚州，美国，罗伯特·文丘里，1964年
在这个设计中，文丘里展示了即使是一个小房子也可以具有丰富的意义、参考和象征意义。烟囱是古老的家庭生活的象征；屋顶斜坡的三角形效果让人想起了古典的三角楣饰；而窗户的平衡对称是一种现代主义装置，甚至可以说是构成主义；镶嵌的拱门象征着重新统一了故意分开的三角楣饰，但也强调了中间的裂缝。

其他建筑

舒林珠宝店（Schullin Jewellery Shop），维也纳，奥地利，汉斯·霍莱因，1972—1974年；意大利广场（Piazza d'Italia），新奥尔良，路易斯安那州，美国，查尔斯·摩尔，1979年；迪士尼酒店，佛罗里达州，美国，迈克尔·格雷夫斯，1987—1990年；迪斯尼总部，加利福尼亚州，美国，迈克尔·格雷夫斯，1988—1990年；泵站（Pumping Station），道格斯岛，伦敦，约翰·乌特勒姆，1988年

 巴洛克风格；新理性主义

 社团主义；技术主义；理性主义

20世纪50年代，科幻片图像和消费电子产品的日益普及共同改变了这一时期建筑和技术之间的关系。技术主义描述了建筑师如何试图填补幻想图像和新技术提供的真实可能性之间的鸿沟。

理查德·巴克敏斯特·富勒（Richard Buckminster Fuller），查尔斯·埃姆斯和雷·埃姆斯（Charles & Ray Eames），罗恩·赫伦（Ron Herron），理查德·罗杰斯（Richard Rogers），塞德里克·普莱斯（Cedric Price），诺曼·福斯特（Norman Foster），迈克尔·霍普金斯（Michael Hopkins），彼得·库克（Peter Cook），伦佐·皮亚诺（Renzo Piano），尼古拉斯·格里姆肖（Nicholas Grimshaw）

技术；明度；效率；框架

1960年，英国建筑评论家雷纳·班纳姆警告建筑师，拥抱技术意味着卸下"包袱"，即使是刚刚过去的事情也会被放弃。他认为，现代主义已经陷入了一种不健康的几乎是历史主义对形式和构成的痴迷，就在

汽车和玛捷斯（magimix）问世的时候，个人从社会等级制度和削弱传统中被解放出来。

　　班纳姆的想法提供了几个出路。塞德里克·普莱斯就是其中之一，他在政治承诺和技术的推动下，将建筑项目视为其所在地点和时代的特定机会，可以促进社会秩序重组。他和戏剧导演琼·利特伍德（Joan Littlewood）提出了一个"玩乐宫"（Fun Palace），重新定义了表演传统，而他的"陶器思想带"（Potteries Thinkbelt）提出了高等教育作为城市再生和社会更新的工具的愿景。不过，这两种建筑都没能建成。

　　在教学和平面艺术方面同样具有影响力的是阿基格拉姆学派（Archigram Group），尽管他们的建筑尝试同样遭到了挫折，他们诱人的图像及其与摇摆的60年代之间的清晰联系似乎表明了建筑的新可能性。

　　班纳姆的技术狂热，加上他对加利福尼亚州住宅研究案例的热情，也帮助塑造了理查德·罗杰斯和诺曼·福斯特早期作品的高科技建筑。福斯特更喜欢技术，并深受美国巴克敏斯特·富勒（Buckminster Fuller）的影响。对罗杰斯来说，技术是达到两个目的的手段：实现个人成就和打破传统和惯例的标志。就所有的技术图像而言，伦敦的劳合社大楼（Lloyds Building）等作品实际上都是手工制作的，展示了一种不协调的二分法，就像幻想图像与最初推动科技主义诞生的消费电子产品之间的矛盾一样。

主要建筑

←— 蓬皮杜中心（Pompidou Centre），巴黎，法国，伦佐·皮亚诺和理查德·罗杰斯，1971—1977年

皮亚诺和罗杰斯赢得了艺术中心的竞赛，他们的理念激进，声称要使艺术"大众化"。蓬皮杜中心有一系列没有柱子或墙壁的地板，因此物体、书籍或工作室可以放置在任何地方，这需要相当高超的结构技巧，而用于冷却、加热和照亮繁忙的空间的服务功能则被放置在后面，赋予纪念性的表达。

→ 塞恩斯伯里中心（Sainsbury Centre），东安格利亚大学，诺威奇，英国，诺曼·福斯特，1978年

将建筑结构和诸如管道及通风等服务功能转变为富有表现力的形式是英国"高技派"存在的原因。在这个艺术中心兼飞机机库中，结构和服务功能共享一个由钢结构界定的区域，通过外部光线和温度的调整使其适合放置艺术品。

其他建筑

英国 劳合社大楼，伦敦，理查德·罗杰斯，1978—1986年；Inmos微处理器工厂（Inmos Factory），纽波特，南威尔士，理查德·罗杰斯，1980—1982年；斯伦贝谢实验室（Schlumberger Laboratories），剑桥，迈克尔·霍普金斯，1985年；Imagination公司总部，伦敦，罗恩·赫伦，1990年
美国 埃姆斯住宅（Eames House），洛杉矶，加利福尼亚州，查尔斯·埃姆斯和雷·埃姆斯，1949年
加拿大 美国馆（球形圆顶），蒙特利尔世界博览会，魁北克，理查德·巴克敏斯特·富勒，1967年

 新陈代谢派；理性主义；生态主义

 后现代主义；地域主义

新理性主义不同于其早期的同类，认为建筑的基础在于理解传统欧洲城市的模式，而不是结构或抽象形式。人们认为，这些城市的发展是围绕着潜在的或多或少永久的形状，即使它们的功能发生了变化。作为文化理念和价值的传达者，这些精简的形式成为新设计的基本元素。

奥斯瓦德·昂格斯（Oswald Ungers），奥尔多·罗西，阿尔瓦罗·西扎（Alvaro Siza），马里奥·博塔（Mario Botta）

城市；类型；历史；形式

新理性主义出现于20世纪60年代，围绕着重新接触历史城市遗产的需要，特别是那些在欧洲大陆躲过了工业主义和战争蹂躏的城市。它的实践者拒绝现代主义的城市形式概念，而是提出城市的整个结构对其特征是必不可少的，包括街道和普通建筑，以及纪念碑。随着时间的推移，这些元素会固化成持续存在的形式，无论它们的功能如何，并嵌入到一个集体的潜意识中。

对于两位最老练的新理性主义者，德国的奥斯瓦德·昂格斯和意大利的奥尔多·罗西来说，这些形式提供了与过去的类比，他们的设计将其作为抽象的精髓加以重复利用和重新诠释，而不是完全复制的模型。

罗西深受乔治·德·基里科（Giorgio de Chirico）绘画的影响，他的建筑有一种令人难以忘怀的稀疏感，好像它们的形式试图说话，但缺乏说话的能力。它们可能说的话似乎来自文化传统的精髓，而说不出的话很快就从辛酸变成了悲剧。新理性主义者认为，这种情况是资本主义异化、纳粹主义和苏联共产主义之后更广泛的文化危机的必然结果。他们的建筑理论广泛借鉴了社会和政治概念。

为了克服这种脱节，罗西采用了超现实主义的一些方面，在茶壶的设计中使用类似建筑的形式和规模，而建筑的规模是无法校准的。对于昂格斯来说，网格是恒定的，它是抽象的有序装置，使形式的集合具有一致性。

主要建筑

← 圣卡塔尔多墓地（San Cataldo Cemetery），摩德纳，意大利，奥尔多·罗西，1980年

在罗西挥之不去的幻象中，他将墓地视为一座亡灵之城。对罗西来说，城市是一个原型形式的集合，在历史中不断地延续和发展。这里的纪念碑是红色的骨灰瓮和火葬场的烟囱，人类的遗骸被安置在拱廊街道上的简陋建筑中，就像活人的家一样。

↓ 加利西亚当代艺术中心（Galician Centre for Contemporary Art），圣地亚哥·德·孔波斯特拉，西班牙，阿尔瓦罗·西扎，1988—1993年

一个看似简单的形式逐渐揭示出非凡的复杂性，这是对场地历史、邻近纪念碑和街道格局的回应。这座建筑既是一座博物馆，也是对这座城市及其历史和文化的沉思。

其他建筑

昂格斯自宅（Ungers House），科隆，德国，奥斯瓦德·昂格斯，1959年；加拉特西住宅（Gallaretese Housing），米兰，意大利，奥尔多·罗西，1970—1973年；下莫尔比奥学校，瑞士，马里奥·博塔，1972—2007年；圣玛丽亚教堂（Church of Santa Maria de Canaveses），波尔图，葡萄牙，阿尔瓦罗·西扎，1990—1996年

 理性主义；新古典主义

 崇高主义；技术主义；生态主义

解构主义是"构成主义"和"德里达的解构主义"文学概念的笨拙结合，它试图在一种新的形式创新之间找到共同点，并试图使建筑的理论基础多样化。这两种趋势都出现在20世纪80年代，以回应现代主义传统的明显缺陷和最终崩溃。

甘特·贝尼奇，弗兰克·盖里（Frank Gehry），彼得·艾森曼（Peter Eisenman），伯纳德·屈米（Bernard Tschumi），赫尔穆特·斯维辛斯基（Helmut Swiczinsky），扎哈·哈迪德（Zaha Hadid）

语言；意义；否定性

不断变化的经济政策和一波新的理论思想使20世纪80年代的建筑比过去一代人的建筑更加多样化。建筑的外在形式和知识内容都展示了这种多样性。当建筑历史成为一个主题目录时，过去的建筑禁忌被解除，而更倾向于理论的建筑师关注当代的知识发展，特别是法国后结构主义，在那里他们找到了推翻现代主义正统的意图的类比。

俄罗斯构成主义是建筑史上的"发现"之一，这里有两大吸引人之处。首先，在现代主义的历史上，人们很少注意到它的起源，因为人们对建筑在社会中所扮演的角色进行了激烈的争论，因此我们有可能忽略它的起源，并将其形式上的创造性视为创造自由的证据，甚至在一定程度上暗示建筑是一门独立的学科。其次，因为它来自现代主义，尽管只是经典的一个讲究的（recherché）小角落，它是后现代主义的解药，因此成了一种使得意识形态战争继续进行下去的代理人。

与此同时，现代主义的句法研究开始借鉴德里达的后结构主义语言学。尽管将解构直接应用于建筑的尝试从未完全成功，但它确实提供了一系列术语，如"异延"（différance），这似乎适用于建筑的头脑风暴。1988年，现代艺术博物馆举办了一场解构主义的展览，试图让这些联系变得清晰，尽管这可能是为了显示这种地位内在的不稳定性。但无法预见的是，信息技术（IT）即将爆发，这将使此次展览中特点鲜明的建筑师的梦幻形式成为可能。到了新千年，解构主义这个术语几乎被非凡形式的戏剧所掩盖。

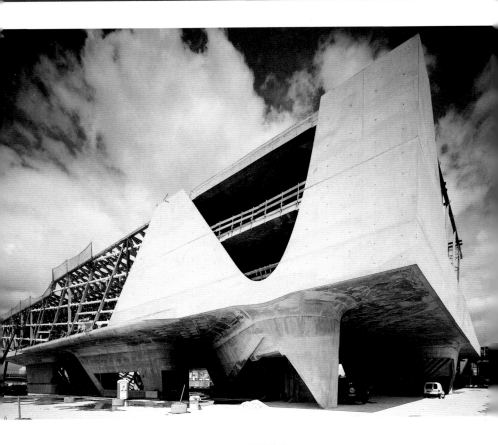

主要建筑

- **古根海姆博物馆**（Guggenheim Museum），毕尔巴鄂，西班牙，弗兰克·盖里，1997年

  在20世纪90年代世界上最著名的新建筑中，盖里改写了各种各样的建筑惯例。利用为战斗机开发的计算机程序，他发展了复杂的钛包层形式，而结构占据了外部外壳和内部画廊空间之间的棘手区域。

↑ **科学中心**（Science Centre），沃尔夫斯堡，德国，扎哈·哈迪德，2005年

  1988年，哈迪德在现代艺术博物馆展览之后的职业生涯展示了解构主义建筑的优缺点。其中依然存在着正式的发明性。然而，在最近的作品中，这些形式不是通过深奥的文学理论来证明的，而是从复杂的数学中衍生出来的。现在，由于巨大的计算能力，这些作品可以被分析和构建。

其他建筑

拉维列特公园（Parc de la Villette），巴黎，法国，伯纳德·屈米，1982—1993年；韦克斯纳中心（Wexner Center），俄亥俄大学，雅典市，俄亥俄州，美国，伯纳德·屈米，1990年；阁楼改造，维也纳，奥地利，沃尔夫·普里克思和赫尔穆特·斯维辛斯基，1984—1988年；斯图加特大学太阳能研究所大楼（Hysolar Building），斯图加特大学，德国，甘特·贝尼奇，1988年；维特拉消防站（Vitra Fire Station），莱茵河畔魏尔，德国，扎哈·哈迪德，1994年

 构成主义；合理主义；技术主义

 后现代主义；纯粹主义

 生态主义是"高技派"的倡导者在怀疑技术本身不能产生形式后转移的阵地。

相比之下，可持续性提供了一个不容置疑的道德责任，可以证明革命性的方法的形式和材料的使用，通常通过使用计算机模拟来提供设计过程的信息。

 爱德华·卡利南（Edward Cullinan），诺曼·福斯特，迈克尔·霍普金斯，里克·马瑟（Rick Mather），伦佐·皮亚诺，伊恩·里奇

 可持续性；节约；创新

 正如结构理性主义使用数学原理为特定的建筑形式提供客观的理由一样，生态主义在可持续性原则中寻求设计创新的基本原理，非全球变暖使实现可持续性变得更为紧迫。

在过去，这种基本原理来自经验：使用当地的技术和材料的乡土建筑，其形式与环境紧密适应，比那些使用陌生材料的异类美学更具有可持续性。然而，计算机图像现在可以准确地预测建筑的性能，并研究出微小的设计变化的影响。因此，设计师可以确保他们的设计具有最有利的形式、方向和完成特定地点的特定活动。

可持续性要求对给定的物理条件，从气候条件，如纬度、降雨和盛行风，到个体细节

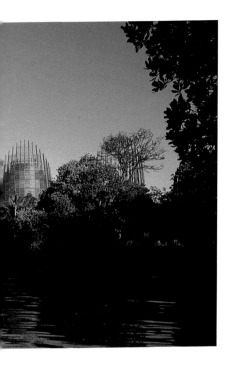

主要建筑

← 吉恩·玛丽·吉巴澳文化中心（Jean-Marie Tjibaou Cultural Center），努美阿，新喀里多尼亚，伦佐·皮亚诺，1991—1998年

该设计旨在庆祝当地卡纳克文化，由10个贝壳状的木材形式组成，试图将当地的传统和材料与西方的技术知识相匹配——这是一种比全球化更有效的应对方法。

↓ 办公大楼，斯托克利公园，英国伦敦，伊恩·里奇，1990年

里奇在这里试图通过巨大的遮阳和特殊处理的玻璃墙来表明，满足现代企业形象和期望的建筑不一定会浪费自然资源。

其他建筑

英国 保得利大厦（Portcullis House），伦敦，迈克尔·霍普金斯，1989—2000年；学生宿舍，东安格利亚大学，诺里奇，里克·马瑟，1991年；考古学公园游客中心（Archeolink Visitor Centre），阿伯丁郡，爱德华·卡利南，1995年；圣玛丽斧街30号（30 St Mary Axe），伦敦（瑞士再保险塔——"小黄瓜"），英国，诺曼·福斯特，2004年

的微观层面，采取整体的方法。它还需要了解这些因素与建筑功能之间的关系。美学效果也有很大差异，而且可能与直觉相反。有了双层和三层的玻璃作为缓冲和多余热量的通道，即使是温室也可能不会浪费能源，而楼板和结构可以用来吸收多余的热量，并在较冷的条件下将其释放出来。

有时，建筑师会利用这种能力，将建筑的整个形状改造成一种不同寻常的形式，改善自然通风或日光。然而，在城市中，建筑的形式可能是固定的，提高传统建筑的性能可能需要增加外部的烟道和烟囱，以促进空气的流动。其他形式可能是看不见的，但仍然有影响，提高了建筑体验的视觉或依赖于其他刺激的程度。

 地域主义；技术主义

 社团主义；理性主义；后现代主义

经济学家约翰·肯尼斯·加尔布雷斯（John Kenneth Galbraith）的观点认为，在富裕社会中，奢侈品和必需品之间没有任何意义上的区别，这一观点与复杂性科学的逻辑能够颠覆传统的结构逻辑相吻合，此时建筑方面的合理主义诞生了。其结果是一场以异常复杂的形式呈现的消费主义体验盛宴。

伊东丰雄（Toyo Ito），雷姆·库哈斯（rem koolhaas），丹尼尔·李伯斯金（Daniel Libeskind），史蒂文·霍尔（Steven Holl），雅克·赫尔佐格（Jacques Herzog）&皮埃尔·德·梅隆（Pierre De Meuron），彼得·戴维森（Peter Davidson）&唐·贝茨（Don Bates），温妮·马斯（Winy Maas），雅各布·范·里伊斯（Jacob Van Rijs）&娜塔莉·德·弗里斯（Nathalie De Vries），阿里桑德罗·柴拉波罗（Alejandro Zaera-Polo）&法希德·穆萨维（Farshid Moussavi）

信息技术；方差；分形；折叠；扭曲

雷姆·库哈斯所著的《癫狂的纽约》（Delirious New York）几乎成功证明，

主要建筑

– 托德斯商店（Tods Store），东京，日本，伊东丰雄，2004年
高品质的精品店已成为先锋派设计的载体。在这里，伊东展示了他的兴趣，使用结构驱动的复杂性科学，而不是牛顿的物理学来定义一个空间经验的领域。

在曼哈顿下城运动俱乐部（Downtown Athletic Club）9楼吃牡蛎（除了戴着拳击手套外什么衣服都没穿）对于都市单身汉而言是一件符合逻辑的事情。晚期资本主义结合超现实主义和电影的影响，为新的现实设定了条件。这可能是相对的和不稳定的，但是，库哈斯认为，现代主义本身也是如此。

这是元主义的逻辑，它根植于消费主义，大众富裕颠覆了经济关系和城市的空间结构，消费电子产品改变了我们对周围环境的感知。现代主义只是一个正在进行的过程中的一步，无论它的形式力量如何，试图重新创造它是无用的多愁善感。社会，甚至是建筑可能拥有已经被形式所摒弃的意义。

库哈斯谈到了"斑马"的限制，建筑被严格划分成交替的空间和结构条，并试图将层分解成折叠的表面。它们可以对功能做出反应，但没这个必要。伊东丰雄在日本宫城县（1995—2000年）设计的仙台媒体中心（Sendai Mediatheque）类似于垂直结构。它不是实心的柱子，而是扭曲的钢管塔，让人、数据和能量能够无差别通过。

购物是元主义最基本的活动，是美学与经济关系的结合。越来越多的精品店获得了艺术画廊的标志性地位，里面的物品是可以互换的。在相对主义的最后转折中，是环境决定了一块布料是艺术品还是衣服，或者一块金属是珠宝还是雕塑。

↓里耳会议展示中心（Congrexpo）[里尔大皇宫（Lille Grand Palais）]，里尔，法国，雷姆·库哈斯/大都会建筑事务所（OMA），1994年
里耳会议展示中心展示了大都会建筑事务所创始人雷姆·库哈斯关于"大"的理念，他认为这样一来传统的建筑概念就过时了。巨大的空间只通过关联来区分，从周边到中心的距离太大，以至于立面无法显示内部活动。

其他建筑

横滨码头（Yokohama Ferry Terminal），日本，FOA建筑事务所（Foreign Office Architects）[阿里桑德罗·柴拉波罗和法希德·穆萨维），2002年；联邦广场（Federation Square），墨尔本，LAB建筑事务所（彼得·戴维森和唐·贝茨），2002年；舒拉格基金会（Schaulager Foundation），巴塞尔，瑞士，赫尔佐格&德·梅隆建筑事务所（雅克·赫尔佐格和皮埃尔·德·梅隆），2003年；VPRO别墅（Villa VPRO），希尔弗瑟姆，荷兰，MVRDV建筑事务所（温妮·马西、雅各布·范·里杰斯和娜塔莉·德·弗里斯），1997年；犹太博物馆（Jewish Museum），柏林，德国，丹尼尔·里伯斯金，1999年；东区办事处（Het Oosten Office），阿姆斯特丹，荷兰，斯蒂芬·霍尔，2000年

 解构主义；理性主义；
表现主义

 新理性主义；后现代主义；
社团主义

建筑通常是仪式的背景，总是与表现联系在一起。在过去的两个世纪里，社会和技术的变化不断地改变着人类活动和建筑形式之间的平衡。表演主义描述了这种新兴的设计范式。

弗兰克·盖里，塞德里克·普莱斯，扎哈·哈迪德，马蒂亚斯·科勒（Matthias Kohler），法比奥·格拉马齐奥（Fabio Gramazio），阿希姆·门格斯（Achim Menges）

仪式；性能；数字技术；制造；计划

表演主义始于塞德里克·普莱斯的未建成的"玩乐宫"（1961年），这是表演与建筑关系的新时代的开始。该项目由激进的戏剧导演琼·利特伍德设计，是表演、休闲、社会和教育设施的灵活组合，其创新方案与新技术的开发相匹配，特别是在新兴的控制论领域。建筑可以围绕不断变化的社会需求重新配置自己，因此它既是一个表演者，也是居住者；既是公众成员，也是专业演员。

众多受其影响的建筑中包括伦佐·皮亚诺和理查德·罗杰斯在巴黎设计的蓬皮杜中心，游客在其正面的戏剧性电梯上上下下地进行表演。同样，扎哈·哈迪德在中国的广州大剧院的流动曲线将游客运动作为一种表演框架。弗兰克·盖里在巴黎设计的路易威登基金会（Fondation Louis Vuitton，2014年）通过其不安分、非正交的形式，暗示了一种持续的动感。松散地参照当代艺术实践的方方面面，这些作品如果没有参观者和观众的参与，就显得不完整。

数字技术的最新发展意味着建筑的整个生产过程，从部件制造到现场组装，都可以成为一种表演。一旦组装完毕，智能材料和人工智能组件将使建筑更能响应和参与它们所容纳的人类活动。在这个领域工作的建筑师有苏黎世瑞士联邦理工学院的法比奥·格拉马齐奥和马蒂亚斯·科勒，他们的项目包括一个完全由无人机建造的"实验"建筑。阿希姆·门格斯和斯图加特大学计算设计研究所的建筑作品包括一些临时装置和展馆，如位于施瓦本格明德的园艺展览馆（Landesgartenschau Exhibition Hall，2014）。

下一个前沿领域是生物技术。到目前为止，这还仅限于实验研究，但像瑞秋·阿姆斯特朗（Rachel Armstrong）这样的学者正在展示如何通过基因改造单个细胞，使其长成可用的结构。这种对新兴形式的预编程（pre-programming）有可能成为最终结果，尽管速度较慢。

主要建筑

→ 广州大剧院，广州，中国，扎哈·哈迪德建筑事务所，2010年
流动的形式不断打破不同空间以及不同建筑构件之间的传统区别，如墙、地板和屋顶。当访问者在观看和被观看、参与和被动之间切换时，他们的移动就变成了一种表演。

其他建筑

玩乐宫,未建成,塞德里克·普莱斯,1961年;蓬皮杜中心,巴黎,伦佐·皮亚诺和理查德·罗杰斯,1971—1977年;路易威登基金会,巴黎,弗兰克·盖里,2014年;园艺展览馆,施瓦本格明德,德国,阿希姆·门格斯,2014年

技术主义:生态主义;合理主义

理性主义:社团主义;粗犷主义

装饰主义包括使用视觉表达和外观来赋予或引出当代建筑的内在意义的趋势。有些是后现代主义的发展，它本身是对许多现代主义建筑的统一空白的一种反应。另一些则回归到现代主义的本质，利用结构和方案作为视觉表达得以发展的基础。

雅克·赫尔佐格，皮埃尔·德·梅隆，彼得·圣约翰（Peter St John），亚当·卡鲁索（Adam Caruso），法希德·穆萨维，FAT（Fashion Architecture Taste）

点缀；装饰；沟通；流行文化

早在20世纪50年代，建筑师就开始探索在现代主义设计中添加视觉表达的方法。到21世纪，诸如购物中心和体育馆等"空盒子"建筑的激增，为寻找在建筑中创造视觉表达的当代方式提供了新的动力。

这类建筑中最早的是德国埃伯斯瓦尔德的赫尔佐格&德·梅隆的技术学校图书馆（1999年）。由于内墙被书柜覆盖，窗户的数量必须保持在最低限度，这意味着几乎没有外部表达的潜力。建筑师设计了实心面板，上面印着摄影师托马斯·拉夫（Thomas Ruff）个人收藏的照片，这些形象的图像围绕立面的水平带运行，但属于建筑的一部分。

其他建筑师转向戈特弗里德·森佩尔的

主要建筑

← 埃塞克斯小屋，莱博内斯（Wrabness），埃塞克斯，英国，FAT和格雷森·佩里，2015年

这座"世俗教堂"的"圣徒"是佩里虚构的埃塞克斯女孩朱莉·科普（Julie Cope）。这座度假住宅是由一种清晰的建筑形式组成，并以一种讽刺的感觉为基础，讲述了她的生活。

其他建筑

约翰-路易斯百货商店，莱斯特，英国，FOA建筑事务所（法希德·穆萨维和亚历杭德罗·扎拉-波罗），2008年；瑞文斯博艺术学院，伦敦，FOA建筑事务所，2010年；不来梅银行，不来梅，德国，卡鲁索&圣约翰，2016年；泰特现代美术馆总控室（Tate Modern Switch House），伦敦，赫尔佐格&德·梅隆，2016年

 装饰性工业主义；新陈代谢派；合理主义

 纯粹主义；结构主义；新理性主义

令人向往的理论，如卡鲁索&圣约翰和法希德·穆萨维。森佩尔认为，建筑的起源和表达潜力在于陶瓷、木工、编织和砖石工艺。壁炉、屋顶、墙壁和建筑基础的起源存在于每一种技术中。

卡鲁索&圣约翰为伦敦贝斯纳绿地的V&A儿童博物馆（V&A Museum of Childhood，2006年）的扩建项目创造了复杂的瓷砖图案，并且在德国不来梅银行大楼（Bremer Landesbank building，2016年）进一步发展了富有表现力的立面理念。

穆萨维在2006年的《装饰的功能》（The Function of Ornament）中发表了她在哈佛大学设计研究生院的教学研究成果。对她来说，装饰创造了建筑与其文化背景之间有意义的联系，这在莱斯特的约翰—路易斯百货商店（John Lewis department store，2008年）和瑞文斯博艺术学院（Ravensbourne College of Art 2010年）在伦敦南部格林威治的千禧穹顶旁边取得了成果，他们都是与FOA建筑事务所的亚历杭德罗·扎拉-波罗合作设计的。

FAT是一个由肖恩·格里菲斯（Sean Griffiths）、查尔斯·霍兰（Charles Holland）和萨姆·雅各布（Sam Jacob）组成的团体，诞生于后现代主义后期的繁荣期，也是对传统手工艺表达潜力的另一种探究。该团体与艺术家格雷森·佩里（Grayson Perry）合作设计了埃塞克斯小屋（the House for Essex，2015年）。

经济的增长和更复杂的计算机设计辅助，使建筑师建造巨大规模建筑的冲动达到前所未有的水平。新的计算技术提高了已被证实的结构方法的效率，使建筑可以达到更高的高度，而垂直交通和环境控制方面的相关技术发展使建筑可以随着上升而扩展，在多个层面上创造更多的空间，供商业开发和半公共领域使用。

诺曼·福斯特；SOM建筑设计事务所，伦佐·皮亚诺，李祖原，摩西·萨夫迪（Moshe Safdie），拉斐尔·维奥利（Rafael Viñoly 年），根斯勒（Gensler）；KPF建筑师事务所（Kohn Pedersen Fox）

高度；结构；价值；效率；数字计算

1990年，世界上只有不到10座高于350米的建筑。新兴经济体城市，以及莫斯科和伦敦等中心城市之间的竞争意味着，到2017年，这一数字超过50个，而且还会有更多的城市计划加入。2010年，由SOM建筑设计事务所设计、高828米、共164层的迪拜哈利法塔（Burj Khalifa）建成后，成为世界上最高的建筑，比其前身——由李祖原设计的台北101大楼高出60%。在我写这篇文章的时候，它比最接近的挑战者——根斯勒的上海中心大厦（2015年）高了近200米，上海中心大厦周围是由KPF建筑师事务所设计的几乎同样高的建筑。

巨型主义的驱动力是经济增长和先进技术，尤其是数字技术。前者可以满足高层建筑的额外成本，并增加了更密集、更高效和更可持续的建筑的紧迫性，后者使建筑师能

够分析结构如何工作。虽然这并没有改变重力的工作方式，但它极大地扩展了携带重力的可能方式，再加上更好的垂直循环、通风和模拟风等活负载，可以为更高的高度和更有商业价值的空间提供便利。

哈利法塔借鉴了SOM建筑设计事务所在高层建筑设计方面积累的经验，比如芝加哥的西尔斯大厦（Sears Tower，1974年落成），当时的西尔斯大厦在长达20多年的时间里都是世界上最高的建筑，但哈利法塔引入了"支撑核心"的概念。三个逐渐变细的支撑物支撑着中央核，例证了古老的"三角测量"原理，即三种可能的路径是将负荷运送到地面的最有效的方式。他们的相互依赖和高度合理化的设计允许从相对较小的占地面积上升至巨大的高度。复杂的周长形状也"搅动"（分解）了风力，这是高层建筑设计中单个最大的结构挑战。

如果高度并不是唯一的目标，高层建筑可以采取不同的形式，如拉斐尔·维奥利在伦敦金融城的对讲机大楼（Walkie Talkie，2014年），和摩西·萨夫迪在新加坡的新加坡滨海湾金沙酒店（Marina Bay Sands resort，2010年），其三个57层的塔楼由一个大型空中公园连接。

其他建筑

台北101大楼，台湾，李祖原，2004年；上海环球金融中心，上海，KPF建筑师事务所，2008年；对讲机大楼（芬丘奇街20号），伦敦，拉斐尔·维奥利，2014年；上海中心大厦，上海，根斯勒，2014年；碎片大厦（The Shard），伦敦，伦佐·皮亚诺，2012年；穆罕默德·本·拉希德塔（Burj Mohammed bin Rashid Tower），阿布扎比，诺曼·福斯特，2014年

主要建筑

哈利法塔，迪拜，SOM建筑设计事务所，2010年
哈利法塔是世界上最高的摩天大楼，建成时比台北101大楼高出200多米，它代表了建筑师们从20世纪50年代开始的长期遗产和对高层建筑控制力的理解。

滨海湾金沙酒店，新加坡，摩西·萨夫迪，2010年
这个巨大的度假酒店（2400个酒店房间，一个赌场、商店、餐厅、会议中心和博物馆）展示了建筑技术的进步如何在高水平上创造半公共领域。漂浮在三座塔楼上的平台上有一个游泳池和一个酒吧，还有一条悬臂位于主楼之外。

 摩天楼主义，社团主义；合理主义

 结构主义，地域主义；后现代主义

生物气候建筑是马来西亚建筑师杨经文（Ken Yeang）使用的一个术语，用来描述适应热带气候条件的建筑。在条件允许的情况下，生物气候建筑使用被动设备，如遮阳，以及加速风产生交叉通风的形式，通常采用复杂的计算机模型设计。其他建筑师，尤其是东亚的建筑师，也在探索如何将气候力量与当代设计相结合，优化资源，创造舒适的环境。

杨经文，隈研吾，黄文森（Wong Mun Summ），李晓东，俞孔坚，理查德·哈塞尔（Richard Hassell），武重义（Vo Trong Nghia）

气候；地域主义；自然；热带建筑

到20世纪50年代，由区域气候产生的现代建筑变体开始出现。随着经济的增长，建筑师面临着在不同的经济和气候条件下设计当代建筑的挑战。新兴的数字和制造技术增加了解决方案的可能范围，同时应对气候变化使适应当地的建筑和城市设计变得至关重要。

生物气候设计的标志包括被动式太阳能系统、遮阳和控制太阳直射，以及绿植，以实现设计和自然环境之间的平衡。由于恶劣的外部条件和舒适的内部空间之间的间隙，内部和外部空间的界限变得模糊。

由黄文森和理查德·哈塞尔创立的WOHA建筑设计事务所是发展这些原则的人之一。该公司的建筑将自然融入建筑环境，同时应对该地区快速增长的城市和经济的挑战。他们的高层建筑将密度转化为优势，捕捉高层风来降温和通风，并利用立面上的植被来创造阴凉。

将中国传统的对自然的关注带入21世纪设计的两位建筑师是俞孔坚和李晓东。俞孔坚创立了"土人设计"，专门从事大规模城市景观的创造，包括被污染的工业场地的再生，将自然与当代中国的城市条件融合在一起。李晓东的建筑尺度更为传统，有篱苑书屋（2011年）等项目。篱苑书屋位于北京北部，身处广大的自然环境中，回应了自然、需求和背景，是一种有力但充满现代气息的概念。

越南这个从几十年的冲突中恢复过来的新兴经济体，也是建筑师努力实现现代、当地条件和传统的文化结合的沃土。武重义是

越南建筑的先驱之一，他在同奈省的农场幼儿园（Farming Kindergarten，2014年）将农业、教育、自然和建筑结合在一起。

　　日本建筑师隈研吾有意识地寻求为当代需求恢复传统文化形式。他在宫城县的森舞台（1996年）在日本文化背景下更新了表演传统和木工工艺。

主要建筑

↑篱苑书屋，北京，李晓东，2011年
这个乡间书屋采用了中国传统的建筑工艺和材料。大型木材构成了主体结构，光滑的板材构成了内部形式，树枝状的木棍提供了遮阳。家具（座位和架子）和建筑（楼梯和隔板）之间的区别被刻意模糊掉了。

← 新加坡市中豪亚酒店，新加坡，WOHA建筑设计事务所，2016年
将绿植与无生命建筑相结合是WOHA建筑设计事务所的一个特点。在这里，外部的绿色植物提供了阴凉而不阻挡凉爽的微风，帮助改善恶劣的气候。

其他建筑

国家图书馆，新加坡，杨经文，2005年；大都会博物馆（The Met），曼谷，WOHA建筑设计事务所，2009年；梼原木桥博物馆，高知县，日本，隈研吾，2011年；农场幼儿园，同奈省，越南，武重义，2014年

 日本神道教；地域主义；
生态主义

 社团主义；后现代主义；
解构主义

全书辅文

A

阿尔汗布拉宫，格拉纳达，西班牙（1338—1390年）

阿格里真托，各种寺庙，西西里岛（公元前510—前430年），希腊化的古典主义

阿克萨清真寺，耶路撒冷（公元705年），伊斯兰教主义

阿蒙神庙，卡纳克，埃及（公元前1530—323年），前古典主义

阿姆斯特丹孤儿院，阿姆斯特丹（1957—1960），结构主义

阿姆斯特丹证券交易所，阿姆斯特丹（1897—1903年），结构理性主义

阿什布里奇别墅，赫特福德郡，英国（1808年起），异国主义

阿特柔斯宝库，迈锡尼，希腊（公元前1300年—前1200年），原始古典主义

阿兹特克金字塔，特奥蒂瓦坎，墨西哥（公元250年），前哥伦布主义

埃塞克斯小屋，莱博内斯，埃塞克斯，英国（2015年），装饰主义

埃斯科里亚尔修道院，马德里附近（1559—1584年），虔敬主义

艾根·哈德森住宅区，阿姆斯特丹（1921年），表现主义

爱丁堡新城，爱丁堡，苏格兰（从1767年开始），乔治亚都市主义

爱因斯坦塔，波茨坦，德国（1917—1921年），表现主义

爱资哈尔清真寺，开罗（公元970年），伊斯兰教主义

昂西勒弗朗，勃艮第，法国（约1546年），地域古典主义

奥古斯塔圣雅各伯堂，罗马（1590年），虔敬主义

奥托博伊伦修道院，奥托博伊伦，德国（1744—1767年），洛可可风格

B

巴黎歌剧院，巴黎（1861—1874年），纪念性都市主义

巴黎圣母院，巴黎（1163—1250年），哥特式经院哲学

巴齐礼拜堂，佛罗伦萨（1429—1446年），发明主义

巴塞罗那国际博览会德国馆，巴塞罗那（1929年），理性主义

巴文格住宅，诺曼，俄克拉何马州（1950—2005年），乌托邦主义

白院聚落，斯图加特，德国（1927年），理性主义

柏林爱乐音乐厅，柏林（1960—1963年），功能主义

柏林老博物馆，柏林（1824—1828年），新古典主义

柏林自由大学，柏林（1963—1979年），结构主义

宝塔，邱园，伦敦（1757—1762年），异国主义

保得利大厦，伦敦（1989—2000年），生态主义

贝德福德广场，伦敦（1775年），乔治亚都市主义

泵站，道格斯岛，伦敦（1988年），后现代主义

比尔希中心办公大楼，阿珀尔多恩，荷兰（1970—1972年），结构主义

波默斯费尔登城堡，德国（自1711年起），洛可可风格

伯灵顿府（皇家学院），伦敦（1717年），帕拉第奥主义

C

城堡，特奥蒂瓦坎，墨西哥（公元600年），前哥伦布主义

春日大社，奈良，日本（公元768年），日本神道教

茨温格宫，德累斯顿，德国（1711—1722年），洛可可风格

D

达勒姆大教堂，达勒姆，英国（1093—1132年），基督教古典主义

大都会博物馆，曼谷，2009年，生物气候主义

大鸟居，宫岛，日本（12世纪），日本神道教

大清真寺，大马士革（公元706—715年），伊斯兰教主义

大英博物馆，老阅览室，伦敦（1852—1857年），唯物主义

大英博物馆，伦敦（1823—1847年），新古典主义

得特宫，曼托瓦，意大利（1525—1535年），矫饰主义

德国艺术之家，慕尼黑（1933—1937年），极权主义

德累斯顿歌剧院，德累斯顿，德国（1838—1841年），纪念性都市主义

不

不来梅银行大楼，不来梅，德国，2016年，装饰主义

布莱顿皇家行宫，布莱顿，英国（1815—1821年），异国主义

布莱尼姆宫，伍德斯托克，奥克森，英国（1705—1720年），英国经验主义

布鲁塞尔司法宫（1866—1883年），纪念性都市主义

德

德绍包豪斯学校，德国（1926年），理性主义

地铁口，王妃门，巴黎（1900年），装饰性工业主义

堤岸大楼（公寓群），莫斯科（1928—1931年），极权主义

迪士尼酒店，佛罗里达（1987—1990年），后现代主义

帝国大厦，纽约（1931年），摩天楼主义

第聂伯大坝，乌克兰（1932年），构成主义

蒂卡尔神庙（神庙1号），危地马拉（约公元500年），前哥伦布主义

东京市政厅，东京（1991年），新陈代谢派

东区办事处，阿姆斯特丹（2000年），合理主义

冬宫，圣彼得堡，俄罗斯（1754—1762年），绝对主义

对讲机大楼（芬丘奇街20号），伦敦，2014年，巨型主义

E

厄瑞克忒翁神庙，雅典（公元前421—前405年），希腊化的古典主义

F

法国国家图书馆，巴黎（1860—1868年），结构理性主义

法塔赫布尔西格里，阿格拉，印度（1569—1580年），印度主义

法西奥大楼，科莫，意大利（1932—1936年），极权主义

凡尔赛宫，巴黎（1661—1678年），绝对主义

凡丘里母亲住宅，栗山，费城（1964年），后现代主义

纺织会馆，伊普尔，比利时（1202—1304年），哥特式商业主义

菲尔岑海利根教堂，巴伐利亚，德国（1743—1772年），洛可可风格

分离派展览馆，维也纳（1898年），装饰性工业主义

枫丹白露宫，塞纳和马恩省，法国（1568年），地域古典主义

弗吉尼亚大学，夏洛茨维尔，弗吉尼亚（1817—1826年），新古典主义

福特玻璃厂，底特律（1922年），社团主义

G

甘地故居博物馆，艾哈迈达巴德，印度（1963年），理性主义

格雷格·阿弗莱克住宅，布卢姆菲尔德山，密歇根州（1941年），乌托邦主义

公爵宫，乌尔比诺，意大利（1444—1482年），人文主义

古根海姆博物馆，毕尔巴鄂，西班牙（1997年），解构主义

故宫，紫禁城，北京（1407—1420年），儒教主义

顾特卜塔，德里（1199年），印度主义

广州大剧院，广州，中国（2010年），表演主义

贵族之家，斯德哥尔摩（1641—1674年），地域古典主义

桂离宫，日本（1620年），日本神道教

国家美术馆，斯图加特，德国（1977—1984年），后现代主义

国家图书馆，新加坡，2005年，生物气候主义

国家养老金办公室，布拉格（1929—1933年），纯粹主义

国王学院礼拜堂，剑桥大学，英国（1446—1515年），哥特式经院哲学

H

哈德良别墅，蒂沃利，意大利（公元124年），罗马古典主义

哈利法塔，迪拜，2010年，巨型主义

邱锡教堂，巴黎（1922—1923年），结构理性主义

赫淮斯托斯神庙，雅典（公元前449—444年），希腊化的古典主义

亨斯坦顿学校，诺福克，英国（1949—1954年），粗犷主义

横滨码头，日本（2002年），合理主义

红屋，贝克里斯黑斯，英国（1859年），反都市主义

候克汉厅，诺福克，英国（1734年起），帕拉第奥主义

胡马雍陵，德里（1585年），印度主义

湖滨大道860号&880号公寓，芝加哥（1950—1951年），摩天楼主义

琥珀宫，拉贾斯坦邦，印度（1623—1668年），印度主义

花之圣母大教堂（佛罗伦萨大教堂）（从1296年起，穹顶建于1418—1436年），发明主义

皇家司法院，伦敦（1868—1882年），中世纪精神

皇家新月楼，巴斯，英国（1767—1771年），乔治亚都市主义

皇家盐场，阿尔克-塞南，法国（1775—1779年），崇高主义

J

基布尔学院，牛津大学，英国（1868—1882年），维多利亚主义

基耶里凯蒂宫，维琴察，意大利（1549年），矫饰主义

吉恩·玛丽·吉巴澳文化中心，努美阿，新喀里多尼亚（1991—1998年），生态主义

吉萨大金字塔，开罗城外（公元前2631—2498年），前古典主义

伽考农庄，吕贝克附近，德国（1924—1925年），功能主义

加拉拉特西住宅，米兰（1970—1973年），新理性主义

加利西亚当代艺术中心，圣地亚哥德孔波斯特拉，西班牙（1988—1993年），新理性主义

简塔·曼塔天文台，斋浦尔，拉贾斯坦邦，印度（1726—1734年），印度主义

金字神塔和乌尔地区，美索不达米亚（重建于公元前2125），前古典主义

《经济学人》杂志总部大楼，伦敦（1959—1964年），粗犷主义

救主堂，威尼斯（1576年），矫饰主义

菊竹清训自宅，东京（1959年），新陈代谢派

K

卡尔教堂，维也纳（1716年），绝对主义

卡久拉霍神庙，寺庙群，印度（9世纪末—11世纪），印尼-高棉主义

卡拉卡拉浴场，罗马（公元211—217年），罗马古典主义

卡莱尔学院，剑桥大学，英国（1967年），结构主义

卡里尼亚诺宫，都灵（1679年），巴洛克风格

卡塞塔王宫，卡塞塔，意大利（1751年），绝对主义

凯旋门，巴黎（1806—1835年），纪念性都市主义

坎特伯雷大教堂，坎特伯雷，英国（1096—1185年），哥特式经院哲学

考古学公园游客中心，阿伯丁郡，苏格兰（1995年），生态主义

考文特花园广场，伦敦（1631年），乔治亚都市主义

科尔比厂，北安普敦郡，英国（1570—1602年），地域古典主义

科尔多瓦大清真寺，科尔多瓦，西班牙（公元785—987年），伊斯兰教主义

科伦坡议会大厦，斯里兰卡（1979—1982年），地域主义

科学中心，沃尔夫斯堡，德国（2005年），解构主义

克莱斯勒大厦，纽约（1930年），摩天楼主义

库斯科城，秘鲁（1450—1532年），前哥伦布主义

L

拉克西米维拉斯宫，巴罗达，印度（1881—1890年），帝国主义

拉罗歇别墅，巴黎（1923年），纯粹主义

拉图雷特修道院，艾布舒尔阿布雷伦，法国（1957—1960年），粗犷主义

拉维列特公园，巴黎（1982—1993年），解构主义

莱斯特大学工程大楼，莱斯特，英国（1959—1963年），功能主义

兰斯大教堂, 理姆斯, 法国 (1211—1290年), 哥特式经院哲学

蓝色清真寺, 伊斯坦布尔 (1610—1616年), 伊斯兰教主义

劳合社大楼, 伦敦 (1978—1986年), 技术主义

老楞佐图书馆, 佛罗伦萨 (1524年), 矫饰主义

雷佐尼可宫, 威尼斯 (1667年), 巴洛克风格

篱苑书屋, 北京, 2011年, 生物气候主义

礼堂, 芝加哥 (1887—1889年), 功能主义

里耳会议展示中心 (里尔大皇宫), 里尔, 法国 (1994年), 合理主义

立正大学, 熊谷, 日本 (1967—1968年), 新陈代谢派

利华大厦, 纽约 (1952年), 社团主义

联邦广场, 墨尔本 (2002年), 合理主义

联邦总理府, 柏林 (1938年), 极权主义

联合大厦, 比勒陀利亚, 南非 (1909—1912年), 帝国主义

联合教堂, 橡树公园, 芝加哥 (1905—1907年), 功能主义

列宁陵寝, 莫斯科 (1924—1930年), 极权主义

卢浮宫, 东立面, 巴黎 (1667年), 绝对主义

卢克索神庙, 埃及 (公元前1408—1300年), 前古典主义

鲁切拉宫, 佛罗伦萨 (1446—1457年), 人文主义

鲁萨科夫俱乐部, 莫斯科 (1927—1928年), 构成主义

路易威登基金会, 巴黎,

2014年, 表演主义

伦敦议会大厦 (1835—1868年), 维多利亚主义

罗比住宅, 芝加哥 (1909年), 反都市主义

罗阇罗阇希瓦拉神庙, 印度 (9世纪末—11世纪), 印尼-高棉主义

罗马EUR公寓, 罗马 (1937—1942年), 极权主义

罗马斗兽场, 罗马 (公元70—82年), 罗马古典主义

罗蒙诺索夫大学, 莫斯科 (1947—1952年), 极权主义

洛弗尔海滩别墅, 新港海滩, 加利福尼亚州 (1925—1926年), 乌托邦主义

洛斯·克鲁布斯, 墨西哥城 (1967—1968年), 地域主义

M

马德拉斯大学行政大楼, 马德拉斯, 印度 (1874—1879年), 帝国主义

马丘比丘, 库斯科附近, 秘鲁 (公元1500年), 前伦布主义

马德莫宫, 罗马 (1532—1536年), 矫饰主义

玛德莲教堂, 巴黎 (1806年), 新古典主义

梅奥学院, 拉贾斯坦邦, 印度 (1875—1879年), 帝国主义

梅尔克修道院, 梅尔克, 奥地利 (1702—1714年), 洛可可风格

梅福德沃斯城堡, 肯特郡, 英国 (1722—1725年), 帕拉第奥主义

美第奇宫, 佛罗伦萨 (1444—1459年), 发明主义

美景宫, 维也纳 (1714—1723年), 洛可可风格

蒙蒂塞洛, 弗吉尼亚州 (1769—1809年), 帕拉第奥主义

蒙特梭利学校, 代尔夫特, 荷兰 (1966—1970年), 结构主义

米诺斯王宫, 克诺索斯, 克里特岛 (公元前1400年以前), 原始古典主义

秘书处大楼, 新德里 (1912—1930年), 帝国主义

摩亨佐·达罗和哈拉帕, 印度河流域, 印度 (公元前三千年中期), 印度主义

莫瑞泰斯皇家美术馆, 海牙 (1633—1635年), 地域古典主义

墨西哥大教堂, 墨西哥城 (1585年), 虔敬主义

慕尼黑古代雕塑展览馆, 慕尼黑 (1816—1834年), 新古典主义

穆罕默德·本·拉希德塔, 阿布扎比, 2014年, 巨型主义

N

南塔, 房山, 北京, 中国 (公元117年), 儒教主义

农场幼儿园, 东奈, 越南, 2014年, 生物气候主义

P

帕丁顿车站, 伦敦 (1854年), 唯物主义

帕台农神庙, 雅典 (公元前447—前432年), 希腊化的古典主义

蓬皮杜中心, 巴黎 (1971—1977年), 技术主义, 表演主义

Q

奇西克大厦, 伦敦 (1725—1729年), 帕拉第奥主义

企鹅池, 摄政公园动物园, 伦敦 (1934年), 纯粹主义

邱园棕榈室, 邱园, 伦敦 (1849年), 合理主义

R

瑞士再保险塔——"小黄瓜", 伦敦 (2004年), 生态主义

瑞文斯博艺术学院, 伦敦, 2010年, 装饰主义

S

萨伏伊别墅, 泊西, 法国 (1929—1931年), 纯粹主义

萨格登住宅, 沃特福德, 英国 (1955—1956年), 粗犷主义

萨克塞瓦曼, 秘鲁 (公元1475年), 前哥伦比亚主义

塞恩斯伯里中心, 东安格利亚大学, 诺里奇, 英国 (1978年), 技术主义

塞格斯塔剧院, 西西里岛 (公元前3世纪), 希腊化的古典主义

塞杰斯塔神庙, 西西里岛 (公元前424—前416年), 希腊化的古典主义

塞内弗鲁的南北金字塔, 达赫舒尔, 埃及 (公元前2723年), 前古典主义

塞伊奈约基市政厅, 芬兰 (1958—1960年), 功能主义

赛金科德庄园, 格洛斯特郡, 英国 (1803—1815年), 异国主义

沙特尔大教堂, 法国 (1194—1260年), 哥特式经院哲学

上海环球金融中心, 上海, 2008年, 巨型主义

上海中心大厦, 上海, 2014年, 巨型主义

摄政公园，伦敦（从1811年起），乔治亚都市主义

神牛寺，吴哥，柬埔寨（公元880年），印尼-高棉主义

圣·奥古斯丁山庄，拉姆斯盖特，英国（1846—1851年），中世纪精神

圣·乔瓦尼·巴蒂斯塔教堂，佛罗伦萨（1960—1963年），表现主义

圣安德肋圣殿，曼托瓦，意大利（1472—1494年），人文主义

圣安德烈教堂，罗马（1658—1670年），巴洛克风格

圣巴斯弟盎堂，曼托瓦，意大利（1459年），人文主义

圣巴西勒教堂，莫斯科（1555—1560年），基督教古典主义

圣保罗大教堂，考文特花园，伦敦（1631—1633年），乔治亚都市主义

圣比亚焦教堂，蒙特普尔恰诺，意大利（1519—1529年），理想主义

圣彼得广场，罗马（1656年），巴洛克风格

圣彼得教堂穹顶，罗马（1547—1590年），矫饰主义

圣德尼修道院，巴黎郊外（1135—1144年），哥特式经院哲学

圣家族大教堂，巴塞罗那（1883年），装饰性工业主义

圣卡塔尔多墓地，摩德纳，意大利（1980年），新理性主义

圣礼拜堂，巴黎（1243—1248年），哥特式经院哲学

圣洛伦佐大教堂，佛罗伦萨（1421—1440年），发明主义

圣马可大教堂，威尼斯（1063—1085年），基督教古典主义

圣玛丽亚卡瑟利教堂，普拉托，意大利（1485年），理想主义

圣玛利亚大教堂，米兰（1492—1497年），人文主义

圣玛利亚教堂，波尔图，葡萄牙（1990—1996年），新理性主义

圣母玛利亚大教堂，西立面和广场，罗马（1656—1657年），巴洛克风格

圣潘克拉斯车站，伦敦（1863—1865年），维多利亚主义

圣乔治·马乔雷教堂，威尼斯（1566年），矫饰主义

圣让索马特教堂，巴黎（1897—1905年），结构理性主义

圣日内维耶图书馆，巴黎（1845—1850年），结构理性主义

圣斯德望圆形堂，罗马（公元468—83年），基督教古典主义

圣索菲亚大教堂，伊斯坦布尔（公元532—537年），基督教古典主义

圣谢尔盖和巴克斯教堂，伊斯坦布尔（公元525—530年），基督教古典主义

圣依华堂，罗马（1642—1660年），巴洛克风格

圣约翰礼拜堂，伦敦塔，伦敦（1086—1097年），基督教古典主义

狮门，迈锡尼，希腊（约公元前1250年），原始古典主义

狮身人面像，吉萨，埃及（公元前2600年），前古典主义

施罗德住宅，乌得勒支，荷

兰（1924—1925年），理性主义

石油双塔，吉隆坡（1998年），摩天楼主义

舒拉格基金会，巴塞尔，瑞士（2003年），合理主义

舒林珠宝店，维也纳（1972—1974年），后现代主义

水晶宫，伦敦（1851年），唯物主义

斯科特百货公司，芝加哥（1899年），装饰性工业主义

斯皮塔佛德基督教堂，伦敦（1723—1729年），英国经验主义

斯托海德风景园，威尔特郡，英格兰（1721—1724年），帕拉第奥主义

斯托克莱公馆，布鲁塞尔（1905—1911年），装饰性工业主义

斯托利公园，伦敦（1990年），生态主义

四喷泉圣卡罗教堂，罗马（1633—1667年），巴洛克风格

苏比斯府邸，巴黎（1737—1740年），洛可可风格

苏佩尔加圣殿，都灵（1715—1727年），巴洛克风格

碎片大厦（夏德大厦），伦敦，2012年，巨型主义

索尼大厦，大阪，日本（1976年），新陈代谢派

T

台北101大楼，台湾，2004年，巨型主义

太阳门，蒂亚瓦纳科，秘鲁（约1000—1200年），前哥伦布主义

泰姬陵，阿格拉，印度（1630—1653年），印度主义

泰特现代美术馆总控室，

伦敦，2016年，装饰主义

坦比哀多礼拜堂，罗马（1502—1510年），人文主义

坦焦尔大塔，印度（9—13世纪），印尼-高棉主义

梼原木桥博物馆，高知县，日本，2011年，生物气候主义

特拉法尔加广场，伦敦（1840年），纪念性都市主义

提图斯凯旋门，罗马（公元82年），罗马古典主义

天坛，北京（1420年），儒教主义

凸窗大楼，利物浦，英国（1864—1865年），唯物主义

托德斯商店，东京（2004年），合理主义

W

瓦尔德布尔住宅，乌兹维尔，瑞士（1907—1911年），反都市主义

外科学院，巴黎（1769—1775年），新古典主义

玩乐宫，未建成，1961年，表演主义

万神殿，罗马（公元118—126年），罗马古典主义

万圣教堂，伦敦（1765年），崇高主义

万圣堂，玛格丽特街，伦敦（1850—1859年），中世纪精神

韦克斯纳中心，俄亥俄大学，雅典市，俄亥俄（1990年），解构主义

维多利纪念堂，加尔各答，印度（1901—1921年），帝国主义

维克多·埃曼纽尔二世纪念堂，罗马（1885—1911年），纪念性都市主义

维拉斯加塔楼，米兰

（1954—1958年），地域主义

维莱特收费站，巴黎（1785—1789年），崇高主义

维琴察巴西利卡，维琴察，意大利（1546—1549年），矫饰主义

维特拉消防站，莱茵河畔魏尔，德国（1994年），解构主义

维也纳艺术历史博物馆，维也纳（1869年），纪念性都市主义

文书院宫，罗马（1486—1496年），理想主义

沃尔布鲁克圣司提反堂，伦敦（1672—1687年），英国经验主义

沃勒维孔特城堡，梅因西，法国（1657—1661年），绝对主义

吴哥窟，柬埔寨（12世纪早期），印尼-高棉主义

X

西格拉姆大厦，纽约（1954—1958年），摩天楼主义

悉尼歌剧院，悉尼（1956—1973年），表现主义

下莫尔比奥学校，瑞士（1972—2007年），理性主义

先贤祠，巴黎（1756年），新古典主义

香波城堡，卢瓦尔河谷，法国（1519—1547年），地域古典主义

协和广场，巴黎（1755年），绝对主义

谢尔登剧院，牛津，英国（1664—1669年），英国经验主义

新古尔纳，卢克索附近，埃及（1948年），地域主义

新加坡滨海湾金沙酒店，新加坡，2010年，巨型主义

新加坡市中豪亚酒店，新加坡，2016年，生物气候主义

新圣母玛利亚教堂，佛罗伦萨，立面（1456—1470年），人文主义

修拉别墅，巴黎（1925—1926年），纯粹主义

学生宿舍，东安格利亚大学，诺里奇，英国（1991年），生态主义

Y

耶鲁大学美术馆，纽黑文，康涅狄格（1951—1954年），乌托邦主义

耶鲁大学艺术与建筑大厦（1958—1964年），粗犷主义

耶稣会教堂，罗马（1568—1584年），虔敬主义

伊什塔尔门，巴比伦，美索不达米亚（公元前605—前563年），前古典主义

伊势神宫，伊势，日本（公元701年），日本神道教

意大利广场，新奥尔良，路易斯安那州（1979年），后现代主义

印度拱门，新德里（1921—1931年），帝国主义

英格兰银行，伦敦（1792年），崇高主义

佣兵凉廊，佛罗伦萨（1376—1382年），发明主义

邮政储蓄银行，维也纳（1904—2006年），装饰性工业主义

犹太博物馆，柏林（1999年），解构主义

育婴堂，佛罗伦萨（1419—1424年），发明主义

园艺展览馆，施瓦本格明德，德国，2014年，表演主义

圆顶清真寺，耶路撒冷（公元684年），伊斯兰教主义

约翰·索恩爵士博物馆，早餐厅，伦敦（1812年），崇高主义

约翰逊尔行政大楼，莫林，伊利诺伊州（1957—1963年），社团主义

约翰-路易斯百货商店，莱斯特，英国，2008年，装饰主义

Z

扎赫拉城博物馆，科尔多瓦附近，西班牙（公元936年），伊斯兰教主义

中国的长城（公元前214年），儒教主义

中国馆，德罗特宁霍尔姆宫，瑞典（1760年），异国主义

中银胶囊搭，东京（1972年），新陈代谢派

庄臣公司总部，拉辛，威斯康星州（1936—1939年），社团主义

自然历史博物馆，牛津，英国（1854—1858年），唯物主义

总督府，威尼斯（1309—1424年），哥特式商业主义

总督府，新德里（1912—1930年），帝国主义

A

阿尔伯特·卡恩（1869—1942年），乌托邦主义；社团主义

阿尔伯特·斯佩尔（1904—1981年），极权主义

阿尔弗雷德·沃特豪斯（1830—1905年），维多利亚主义

阿尔瓦·阿尔托（1898—1976年），功能主义

阿尔瓦罗·西扎（1933年至今），新理性主义

阿里桑德罗·柴拉波罗（1963年至今），合理主义；装饰主义

阿列克谢·舒舍夫（1873—1949年），极权主义

阿纳托尔·德·博多（1834—1915年），结构理性主义

阿希姆·门格斯（1975年至今），表演主义

埃德温·勒琴斯（1869—1944年），反都市主义；帝国主义

埃里希·门德尔松（1887—1953年），表现主义

埃罗·沙里宁（1910—1961年），表现主义；社团主义

埃内斯托·罗杰斯（1909—1969年），地域主义；极权主义

艾蒂安-路易·布雷（1728—1799年），崇高主义

艾莉森·史密森（1928—1993年），粗犷主义

艾略特·诺伊斯（1910—1977年），社团主义

爱德华·卡利南（1933年至今），生态主义

安德烈·卢拉特（1894—1970年），纯粹主义

安德烈亚·帕拉第奥（1508—1580年），矫饰主义

安东尼·沙尔文（1799—1881年），维多利亚主义

安东尼奥·达·桑加罗（老＆小，1455—1534年，1485—1546年），理想主义

安东尼奥·菲拉雷特（约1400—1469年），理想主义

安东尼奥·高迪（1852—1926年），装饰性工业主义

奥尔多·凡·艾克（1918—1999年），结构主义

奥尔多·罗西（1931—1997年），新理性主义

奥古斯塔斯·普金（1812—1852年），结构理性主义；中世纪精神；唯物主义；维多利亚主义

奥古斯特·佩雷（1874—1954年），结构理性主义

奥斯卡·尼迈耶（1907—2012年），地域主义

奥斯瓦德·昂格斯（1926—2007年），新理性主义

奥托·瓦格纳（1841—1918年），装饰性工业主义

B

巴尔达萨雷·隆盖纳（1598—1682年），巴洛克风格

巴尔达萨雷·佩鲁齐（1481—1536年），矫饰主义

巴尔萨泽·诺伊曼（1687—1753年），洛可可风格

巴里·帕克（1867—1941年），反都市主义

巴特洛·拉斯特利利（1700—1771年），绝对主义

保罗·鲁道夫（1918—1997年），粗犷主义

保罗·特罗斯特（1879—1934年），极权主义

鲍里斯·约凡（1891—1976年），极权主义

贝尔纳多·罗塞利诺（1409—1464年），理想主义

贝特洛·莱伯金（1901—1990年），纯粹主义

本杰明·拉托贝（1764—1820年），新古典主义

本杰明·伍德沃德（1816—1861年），唯物主义

彼得·埃利斯（1804—1884年），唯物主义

彼得·艾森曼（1932年至今），解构主义

彼得·贝伦斯（1868—1940年），装饰性工业主义；表现主义

彼得·戴维森（1955年至今），合理主义

彼得·库克（1936年至今），技术主义

彼得·圣约翰（1960年至今），装饰主义

彼得·史密森（1923—2003年），粗犷主义

彼得罗·达·科尔托纳（1596—1669年），巴洛克风格

伯灵顿勋爵（1694—1753年），帕拉第奥主义

伯纳·德梅贝克（1862—1957年），乌托邦主义

伯纳德·屈米（1944年至今），解构主义

布鲁诺·陶特（1880—1938年），表现主义

布鲁诺·戈夫（1904—1982年），乌托邦主义；地域主义

C

查尔斯·埃姆斯（1907—1978年），技术主义

查尔斯·弗朗西斯·安斯利·沃塞（1857—1941年），反都市主义

查尔斯·格林（1868—1957年），乌托邦主义

查尔斯·加尼埃（1825—1898年），纪念性都市主义

查尔斯·科雷亚（1930—2015年），地域主义

查尔斯·曼特（1839—1881年），帝国主义

查尔斯·摩尔（1925—1994年），后现代主义

查尔斯·巴里（1795—1860年），维多利亚主义；纪念性都市主义

D

丹尼尔·伯纳姆（1846—1912年），纪念性都市主义；摩天楼主义

丹尼尔·李伯斯金（1946年至今），合理主义

丹尼斯·斯科特·布朗（1931年至今），后现代主义

丹下健三（1913—2005年），新陈代谢派

德西莫斯·伯顿（1800—1881年），唯物主义

槙文彦（1928年至今），新陈代谢派

多梅尼科·达·科尔托纳（1495—1549年），地域古典主义

多米尼克·丰塔纳（1543—1607年），虔敬主义

多纳托·布拉曼特（1444—1514年），人文主义

E

恩斯特·梅（1886—1970年），理性主义

F

FAT（1994年成立），装饰主义

法比奥·格拉马齐奥（1970年至今），表演主义

法希德·穆萨维（1965年至今），合理主义；装饰主义

菲利波·布鲁内莱斯基（1377—1446年），发明主义

菲利波·尤瓦拉（1678—1736年），巴洛克风格

菲利伯特·德·奥尔梅（1510—1570年），地域古典主义

菲利普·韦伯（1831—1915年），反都市主义

罗伯特·文丘里（1925年至今），后现代主义

罗伯特·亚当（1728—1792年），乔治亚都市主义

罗伯特·奇泽姆（1840—1915年），帝国主义

罗伯特·斯默克（1781—1867年），新古典主义

罗恩·赫伦（1930—1994年），技术主义

洛伦佐·吉贝尔蒂（1378—1455年），发明主义

M

马蒂亚斯·科勒（1968年至今），表演主义

马克·安东尼·洛吉耶（1713—1769年），新古典主义

马里奥·博塔（1943年至今），新理性主义

马塞洛·皮亚森蒂尼（1881—1960年），极权主义

马斯·莱弗顿（1743—1824年），乔治亚都市主义

马特乌斯·珀佩尔曼（1662—1736年），洛可可风格

马修·迪格比·怀亚特（1820—1877年），唯物主义

迈克尔·霍普金斯（1935年至今），技术主义；生态主义

麦凯·休·贝利·斯科特（1865—1945年），反都市主义

米开朗琪罗（1475—1564年），矫饰主义

米开罗佐·迪·巴尔托洛梅奥（1396—1472年），发明主义

米歇尔·德·克勒克（1884—1923年），表现主义

米歇尔·桑米切利（1484—1559年），矫饰主义

密斯·凡·德罗（1886—1969年），理性主义；表现主义；摩天楼主义；社团主义

摩西·萨夫迪（1938年），巨型主义

N

娜塔莉·德·弗里斯（1965年至今），合理主义

尼古拉·米柳廷（1889—1942年），构成主义

尼古拉斯·格里姆肖（1938年至今），技术主义

尼古拉斯·霍克斯莫尔（1661—1736年），英国经验主义

诺曼·肖（1831—1912年），反都市主义

诺曼·福斯特（1935年至今），技术主义；生态主义；巨型主义

O

欧根·维奥莱特-勒-杜克（1814—1879年），结构理性主义；中世纪精神

欧仁·豪斯曼（1809—1891年），纪念性都市主义

P

皮埃尔·德·梅隆（1950年至今），合理主义；装饰主义

皮埃尔·维尼翁（1762—1828年），新古典主义

Q

乔凡尼·洛伦佐·贝尼尼（1598—1680年），巴洛克风格

乔瓦尼·米切卢奇（1891—1990年），表现主义

乔瓦尼和巴尔托洛梅奥·博恩（1309—1424年），哥特式商业主义

乔治·埃德蒙·斯特里特（1824—1881年），中世纪精神

乔治·丹斯（老，1695—1768年），乔治亚都市主义

乔治·丹斯（小，1741—1825年），乔治亚都市主义；崇高主义

乔治·吉尔伯特·斯科特（1811—1877年），维多利亚主义

乔治·康迪利斯（1913—1995年），结构主义

乔治·欧仁·豪斯曼（1809—1891年），纪念性都市主义

R

让·尼古拉斯·路易斯·杜兰德（1760—1834年），结构理性主义

让·弗朗索瓦·瑟雷塞·查尔格林（1739—1811年），纪念性都市主义

热尔曼·波夫朗（1667—1754年），洛可可风格

S

SOM建筑设计事务所，巨型主义

塞巴斯蒂亚诺·塞利奥（1475——1554年），地域古典主义

塞德里克·普莱斯（1934—2003年），技术主义；表演主义

塞缪尔·佩皮斯·科克雷尔（1754—1827年），异国主义

塞萨尔·佩利（1926—2019年），摩天楼主义

赛德夫哈尔·穆罕默德·阿迦（1550—1682年），伊斯兰教主义

史蒂文·霍尔（1947年至今），合理主义

斯文顿·雅各布（1841—1917年），帝国主义

T

唐·贝茨（1953年至今），合理主义

特里·法雷尔（1938年至今），后现代主义

托马斯·杰斐逊（1743—1826年），帕拉第奥主义；新理性主义

W

威廉·爱默生（1843—1921年），帝国主义

威廉·巴特菲尔德（1814—1900年），中世纪精神；维多利亚主义

威廉·伯吉斯（1827—1881年），中世纪精神

威廉·凡·艾伦（1883—1954年），摩天楼主义

威廉·肯特（1685—1748年），帕拉第奥主义

威廉·莱瑟比（1857—1931年），装饰性工业主义

威廉·莱斯卡兹（1896—1969年），乌托邦主义

威廉·勒巴伦·詹尼（1832—1907年），摩天楼主义

威廉·钱伯斯（1723—1796年），异国主义

威廉·威尔金斯（1778—1839年），新古典主义

隈研吾（1954年至今），生物气候主义

维克多·奥尔塔（1861—1947年），装饰性工业主义

温妮·马斯（1959年至今），合理主义

沃尔夫·普里克思（1942年至今），解构主义

沃尔特·格罗皮乌斯（1883—1969年），理性主义

武重义（1976年至今），生物气候主义

X

西蒙·德拉瓦雷（1590—1642年），地域古典主义

悉尼·斯梅克（1798—1877年），唯物主义

小堀远州（1579—1647年），日本神道教

谢德拉克·伍兹（1923—1973年），结构主义

休·斯图宾斯(1912—2006
年),摩天楼主义;社团
主义

Y

雅各布·贝克马(1914—
1981年),结构主义

雅各布·范·坎彭(1595—
1657年),地域古典主义

雅各布·范·里伊斯(1964
年至今),合理主义

雅各布·普兰德陶尔
(1660—1726年),洛可
可风格

雅各布·圣索维诺(1486—
1570年),矫饰主义

雅各布·维尼奥拉(1507—
1573年),虔敬主义

雅各布斯·约翰内斯·彼
得·奥德(1890—1963
年),理性主义

雅克·赫尔佐格(1950至
今),合理主义;装饰主义

雅克-安格·加布里埃尔
(1698—1782年),绝对
主义

雅克斯·贡杜安(1737—
1818年),新古典主义

雅克斯-热尔曼·苏弗洛
(1713—1780年),新古
典主义

亚当·卡鲁索(1962年至
今),装饰主义

亚历克西斯·若西克(1921—
2011年),结构主义

亚历山大·维斯宁(1883—
1959年),构成主义

杨经文(1948年至今),生
物气候主义

伊东丰雄(1941年至今),
合理主义

伊恩·里奇(1947年至今),
生态主义

伊尼戈·琼斯(1573—1652
年),英国经验主义

伊桑巴德·金德姆·布鲁内
尔(1806—1859年),唯
物主义

伊万·列奥尼多夫(1902—
1959年),构成主义

俞孔坚(1963年至今),生物
气候主义

雨果·哈林(1882—1958
年),功能主义

约翰·丁岑霍费尔(1689—
1751年),洛可可风格

约翰·范布鲁(1664—1726
年),英国经验主义

约翰·费舍尔·冯·埃拉赫
(1656—1723年),绝对
主义

约翰·拉夫堡·皮尔森
(1817—1897年),中世纪
精神

约翰·迈克尔·菲舍尔
(1692—1766年),洛可
可风格

约翰·纳什(1752—1835
年),乔治亚都市主义;
异国主义

约翰·斯迈森(1630年去
世),地域古典主义

约翰·索恩(1753—1837
年),崇高主义

约翰·索普(1565—1655
年),地域古典主义

约翰·乌特勒姆(1934年至
今),后现代主义

约翰·伍德(老,1704—
1754年),乔治亚都市
主义

约翰·伍德(小,1728—
1781年),乔治亚都市
主义

约翰·伍重(1918—2008
年),表现主义

约翰·伊芙琳(1620—1706
年),英国经验主义

约瑟夫·波尔特(1817—
1879年),纪念性都市
主义

约瑟夫·哈夫莱切克&卡雷
尔·洪泽克(1899—1961
年),纯粹主义

约瑟夫·霍夫曼(1870—1956
年),装饰性工业主义

约瑟夫·玛丽亚·奥尔布里
希(1867—1908年),装
饰性工业主义

约瑟夫·帕克斯顿(1801—
1865年),唯物主义

Z

扎哈·哈迪德(1950—2016
年),解构主义;表演主义

詹姆斯·高恩(1923—2015
年)功能主义;粗犷主义

詹姆斯·怀亚特(1747—
1813年),异国主义

詹姆斯·霍班(1792—1829
年),新古典主义

詹姆斯·吉布斯(1682—
1754年),英国经验主义

詹姆斯·斯特林(1924—
1992年),功能主义;粗
犷主义;后现代主义

朱利奥·罗马诺(1499—
1546年),矫饰主义

朱利亚诺·达·桑加罗
(1445—1516年),理想
主义

朱塞佩·加利·比比埃纳
(1696—1757年),洛可
可风格

朱塞佩·萨克尼(1853—
1905年),纪念性都市
主义

朱塞佩·特拉尼(1904—
1943年),极权主义

龛
字面意义是"小房子"，通常是由大空间内的柱子和屋顶定义的小空间。

侧廊
用一排或几根柱子隔开的较低的空间。通常教堂的中间有一个中殿，两边各有一条侧廊。

拱廊
它起初是一个由一排拱门划定的空间。现在已代表步行街和到处都是商店的覆盖通道。

拱形
拱形是建筑的基本形式之一，它可以是圆形的，也可以是尖顶的（即由不连续的曲线组成）。这种形状的巨大强度使它们能够跨越较大距离。

建筑师
这个词的含义在历史上一直发生着变化。第一个有记录的建筑师是埃及的大祭司伊姆霍特普（Imhotep），他首先使用石头作为建筑材料，后来被奉为神明。在中世纪，"建筑师"通常指上帝，即宇宙的设计者。现在，在工业化国家，它的意思是完成了规定的课程学习和职业经验的人，尽管有些时候依然会用到早期的意思。

门楣
门或窗周围的框架，通常能盖住连接处的粗糙边缘。

工艺美术运动
指19世纪末20世纪初的一群人发起的运动。主要是英国的建筑师，他们遵循

威廉·莫里斯和约翰·罗斯金的理念，认为艺术的品质源于技艺和工艺的乐趣。

中庭
来源于拉丁语，意为（另一建筑物内）面向天空的有围墙的庭院。近来指的是建筑内的玻璃屋顶的多层内部空间，如在办公室或酒店内部。

轴线
字面上指的是一条直线，在建筑和城市规划中用于房间或建筑物之间的长而直的路线。通常与机构与其占领者之间关系中的权力表达有关。

轴测投影法
一种绘制投影的方法，尤其用于显示体量，在现代主义建筑师中很受欢迎。它是基于转了45度角的平面图，并向上引垂直线。由于缺乏透视，效果可能显得失真。

栏杆柱
栏杆支撑着顶部或扶手的柱子，作为在水平变化时的屏障，通常在楼梯或高架平台上。

拱形穹顶
以拱的原则形成的屋顶，但不断延伸，形成半圆形的体量。

巴西利卡
最初是罗马建筑中的大型会议或行政大厅。这种形式被基督徒作为教堂的典范。典型的长方形教堂是长方形的，纵向分为三条。中间的那一对（中殿）通常比外面的一对更高、更宽。

"彼此兼顾"
罗伯特·文丘里创造的术语，用来描述多元主义和异质性，反对他所看到的"非此即彼"的简单化现代主义。

遮阳板
遮阳构件，一般是雕刻的混凝土形式。通常是为了证明现代主义建筑外部装饰装置的功能性。

扶壁
从墙上凸出来增加其强度的砖石结构。

索网结构
一种能够经济地封闭大空间的轻质屋顶结构。一组缆绳接受预应力，变形到最有效的形状，由计算机计算得出。

悬臂梁
只固定在一端的水平构件。

柱头
柱顶部分，通常比柱体宽，常被用作装饰。

国际现代建筑协会（CIAM）
1928年在瑞士拉萨拉召开会议后成立，试图在很大程度上按照勒·柯布西耶及其秘书西格弗里德·吉迪恩提出的路线来定义现代主义正统，直到20世纪50年代受到十次小组的挑战。

外墙
严格来说是固定在结构墙或框架上的面板或薄板外墙表面，没有结构强度。外墙的使用可以在民间建筑中找到，但从19世纪后期开始在框架结构中变得特别普遍。

天窗
墙壁上的高层窗户，通常用于教堂或法庭，这些地方可能不合适采用常规的开窗方式来引入视野。

委托人
收取佣金并通常承担建筑成本的财务责任的人或机构，尽管他们可能期望从支出中获得补偿或盈利。

回廊
向内的花园或庭院的封闭空间。常与隐私或沉思有关，例如在修道院里设置这种空间。

列柱
一排支撑墙壁、檐部或拱门的柱子。

托臂
从墙上凸出来支撑梁或屋顶结构的一块石质构件。一系列的托臂可以形成一个入口，在某些形式的建筑中，它可以代替真正的拱门。

飞檐
尖顶古典建筑顶端的王冠状凸出物。佛罗伦萨文艺复兴时期宫殿的一个显著特征。

交叉甬道
中堂教堂中殿和耳堂的连接处。

圆顶
意大利穹顶。通常用于意大利建筑上的穹顶，但在英语中一般指一小例子。

幕墙
由框架支撑的非结构墙，由实心木板或玻璃板组成。

穹顶
一种基于曲线几何的结构形式。曲线可以是连续的，也可以是分段的，但其固有的强度允许大跨度。

新兴技术
在 IT 领域中，能够从相同的基本参数生成不同的结果所达到的技术复杂程度。

檐部
古典建筑位于柱子之上，屋顶之下的部分，建筑的大部分装饰潜力都在此。

卷杀
古典柱式的膨胀部分，通常达到其最大高度约三分之一，以纠正由垂直边缘产生的视错觉。

外立面
建筑物的外部外观。

柱槽
在柱子或壁柱上切下的弯曲的浅凹槽，可以产生阴影图案和其他光学效果。

建筑物占地面积
建筑占地地面的面积和形状，而不考虑上层楼层的高度或形状。

门斗
建筑入口在大型公共机构中具有重要的建筑和社会功能。

框架
一种结构骨架，传统上用木材，但用钢或混凝土可以支撑更大的建筑。

山墙
屋顶由两个倾斜的平面构成的三角形部分。

玻璃幕
建筑物主要由玻璃构成的墙或墙的一部分。

黄金分割
一种最常见的比例关系（0.618：1），用于古典建筑和其他从数学中寻求权威的运动中。它曾经被认为具有神圣或神秘的特性，现在很少有建筑师会这样认为，但不可否认的是，它是创造优雅比例的工具。

图标
严格意义上来说，这是一种意在激发宗教虔诚的形象，但松散地应用于建筑中，在这些建筑中，丰富或外向的设计往往优先于功能、程序和环境，以创造令人难忘或震撼的影响。

理想城市
这是文艺复兴时期建筑中的一个重要理念。和谐主义认为秩序井然和谐的建筑能够反映宇宙的良好秩序和和谐，以及人类社会的神圣结构的信仰。

正等轴测
轴测图的一种形式，根据平面图绘制投影，但为了避免轴测图的明显差异而进行了扭转。

信息技术
信息技术在建筑设计中发挥着越来越大的作用，因为未建成的设计可以被描绘和发展，也因为不同的结构形式可以快速计算。

垃圾空间
这个词是由雷姆·库哈斯（Rem Koolhaas）创造的，用来描述大型城市建筑的无区别空间，如购物中心和展览厅。

夹层
中间楼层，通常面积较小，可以俯瞰下面的楼层。

现代主义
毫无疑问，这是自 20 世纪初以来，包括建筑在内的艺术领域的主导运动，但难以定义。各种经常相互矛盾的运动的共同主题是推翻艺术和文化习俗，建立对艺术的目标、内容和目的进行永久重新评估的制度。

中殿
教堂的主入口（通常在西端）和十字路口之间的空间。通常两侧有较低的过道。

使用者
使用建筑物的人，他们可能与建筑物的设计和调试几乎没有或根本没有关系，可能对建筑物的管理和维护负责，也可能不负责。

柱式
柱式是古典建筑的基本元素，也是其知识文化的宝库。共有三个主要柱式：多立克柱式、爱奥尼亚柱式和科林斯柱式。它们都有自己的规则来支配比例和装饰元素。

正投影图
严格地用二维表示垂直（剖面图或立面图）或水平（平面图）建筑物的剖面图。它们成了文艺复兴时期的规范，也是建筑师与建筑商沟通的重要部分。像阴影投射这样的装置被用来显示浮雕。

面板
墙饰面的一部分，通常为非承重重复模块化组件，适合幕墙系统，并被支撑在框架上。

女儿墙
延伸到屋顶排水沟以上的部分墙，用以隐藏排水沟和屋顶。

三角楣饰
古典建筑的山墙末端，通常是雕塑人物的布景。

列柱廊
围绕庭院或建筑物（如庙宇）的一系列柱子。

主厅
字面意思是高贵的楼层，因此是古典建筑的主要楼层，在底部之上，在阁楼或屋顶之下。

广场
露天场所城市中的露天公共空间，常与教堂或主要的市政机构有关。

如画
字面意思是就像一幅画，但在 18 世纪晚期的英国被赋予了特定的意义，指的是未驯服的自然唤起崇高感觉的潜力。

墩柱
一种巨大的垂直结构部件，通常承载大量的负荷，如精致的拱顶或圆顶。

壁柱
一种残存的柱子，但只在一堵连续的墙内轻微凸出，通常以装饰性特征表示。用于暗示古典柱式。

立柱
不需要符合古典比例或装饰的实心柱。

底层架空柱
未装饰的柱子。在现代主义建筑中使用——把建筑抬高离地，让"自然"在下面流动。

裙房
连续的底部空间，建筑的其他部分位于其上。

彩绘
字面意思是五彩缤纷。早在1800年之前，以及之后的几十年里，人们就对古希腊人是否在他们的建筑上使用了颜色产生了激烈的争论。

柱厅
由三角楣饰下的一排或多排柱子所界定的空间，形成外部和内部之间的前厅或中间空间。

预制
建筑的部分，有时甚至是整个建筑或其中的单元，是在非现场制造和现场组装的过程。这是一些现代主义建筑师的梦想，因为与工业的联系而没有被证明是完全成功的，但最近有复苏的迹象。

前柱式
一排独立的圆柱，类似柱厅。

四方院
四面庭院，每面可由柱廊或拱廊组成。

抹灰
一种外部防水的石膏。

复兴
在后期对建筑特性、原则或建筑类型的重用，有时对产生它们的原始环境缺乏了解或兴趣。结果可能是滑稽的、悲剧的，甚至是平庸的。

粗面砌筑
大胆的砌体投影，常见于古典建筑的底座之上，暗示了原始的土地和精致的古典细节之间的联系。

服务设备
一般指建筑物内的机械服务，如暖气、管道、通风、电力、信息科技等。

建筑外壳
在达到使用规格之前的办公楼的基本结构和围护结构。或者是一层薄膜，通常是混凝土，其形式赋予其结构强度，能够支撑自己。

空间·时间
国际现代建筑协会的长期秘书西格弗里德·吉迪恩用来描述勒·柯布西耶、沃尔特·格罗皮乌斯等人在现代主义建筑中假定的经验的同时性，它将现代主义等同于爱因斯坦的相对论和立体派绘画。

尖顶
一座塔或其他垂直建筑的高的、尖锐的顶点。

内角拱
一种以45度角从方形平面上射出的拱形系统。用于将一个多边形的塔或尖顶设置在一个方形底座上。

灰泥
一种坚硬的石膏，通常用于雕刻石雕的特征，但相当便宜。

象征意义
指一种思想或思想体系的视觉装置。建筑装饰通常是象征性的，可能纯粹指建筑的功能或方案，也可以指一种不同的意识形态方案。建筑的象征意义可能会将建筑的平凡功能与更广泛的文化概念联系起来。

十次小组
20世纪30年代，一群年轻的建筑师首次挑战，并在后来推翻了国际现代建筑协会及其对现代建筑的规范性定义。

陶瓦
黏土和烧制瓷砖或面板。可以用于装饰或图案。

环面
一个卵形的三维几何形状，因为它是可以用数学术语描述的，所以相对容易建立，从而增加了复杂形式的可建立范围。

耳堂
在教堂中，交叉甬道两侧的凸出物形成了一条小的垂直轴。与从西门到圣坛的主轴轴相垂直。

用户
这个听起来无害的词已经成为一个问题，因为越来越多的人委托建造建筑，无论是出于商业目的还是社会目的，但他们并不使用这些建筑。

拱顶
盖在建筑物上的砖或石拱券，在哥特式建筑中最常见，这种建筑的拱门是尖拱而不是圆拱，由肋拱构成，肋拱之间的空间用石头填充。可以被高度精雕细琢和装饰的。

本土的
本土建筑，使用当地材料和传统技术建造，这些技术已经发展了很长一段时间，通常与建造者所处社会的结构密切相关。

盘蜗饰
爱奥尼亚式柱头的主要特征是螺旋卷，也见于科林斯柱头的简化形式。

金字形神塔
阶梯式金字塔，古埃及大金字塔的前身，也发现于美索不达米亚和中美洲。

分区
现代主义城市规划政策备受嘲笑，通常出于健康或意识形态的原因，不同的功能被放置在城市的不同区域。因此，住宅、工业、商业、休闲等都是相互分离的。

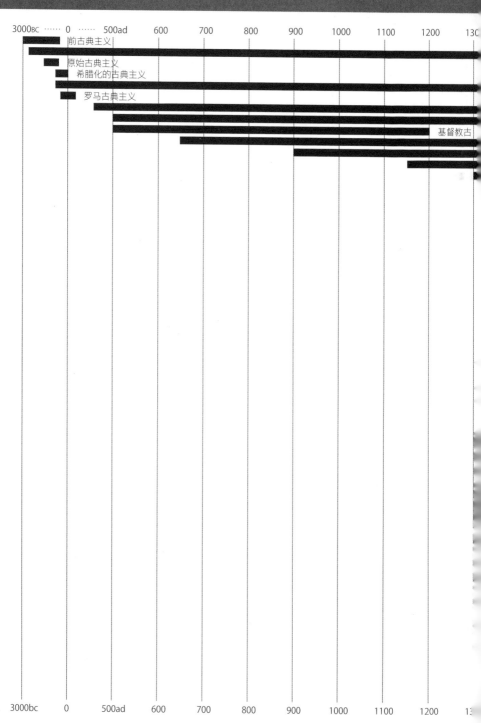

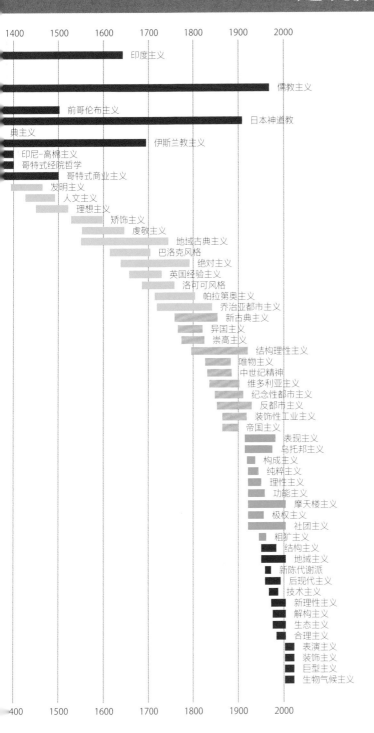

| | 1400 | 1500 | 1600 | 1700 | 1800 | 1900 | 2000 |

印度主义

儒教主义

前哥伦布主义

日本神道教

典主义

伊斯兰教主义

印尼-高棉主义

哥特式经院哲学

哥特式商业主义

发明主义

人文主义

理想主义

矫饰主义

虔敬主义

地域古典主义

巴洛克风格

绝对主义

英国经验主义

洛可可风格

帕拉第奥主义

乔治亚都市主义

新古典主义

异国主义

崇高主义

结构理性主义

唯物主义

中世纪精神

维多利亚主义

纪念性都市主义

反都市主义

装饰性工业主义

帝国主义

表现主义

乌托邦主义

构成主义

纯粹主义

理性主义

功能主义

摩天楼主义

极权主义

社团主义

粗犷主义

结构主义

地域主义

新陈代谢派

后现代主义

技术主义

新理性主义

解构主义

生态主义

合理主义

表演主义

装饰主义

巨型主义

生物气候主义

| 1400 | 1500 | 1600 | 1700 | 1800 | 1900 | 2000 |

参观地点列表

澳大利亚
堪培拉 反都市主义；墨尔本
合理主义；悉尼 表现主义

奥地利
维也纳 绝对主义；解构主
义；装饰性工业主义；纪念
性都市主义；后现代主义；
洛可可风格

比利时
布鲁塞尔 装饰性工业主义；
纪念性都市主义

巴西
里约热内卢 地域主义

柬埔寨
吴哥 印尼-高棉主义

中国
北京 儒教主义
香港 摩天楼主义

捷克
布拉格 纯粹主义

埃及
开罗 伊斯兰教主义
吉萨 前古典主义

芬兰
赫尔辛基 功能主义

法国
巴黎 绝对主义；解构主义；
装饰性工业主义；哥特式经
院哲学；纪念性都市主义；
新古典主义；表演主义；纯
粹主义；洛可可风格；结构
理性主义；崇高主义；技术
主义

德国
柏林 功能主义；合理主义；
新古典主义；理性主义；结
构主义；极权主义
不来梅 装饰主义

德累斯顿 纪念性都市主义；
洛可可风格
慕尼黑 表现主义；新古典
主义；极权主义

希腊
雅典 希腊化的古典主义
克里特岛 原始古典主义

危地马拉
蒂卡尔 前哥伦布主义

印度
德里 印度主义；伊斯兰教主
义
新德里 反都市主义；帝国
主义

以色列
耶路撒冷 伊斯兰教主义

意大利
佛罗伦萨 表现主义；人文
主义；发明主义；矫饰主义
米兰 人文主义；新理性主
义；地域主义；极权主义
罗马 巴洛克风格；基督教
古典主义；人文主义；理想
主义；矫饰主义；纪念性都
市主义；虔敬主义；罗马主
义；极权主义；
威尼斯 巴洛克风格；基督
教古典主义；哥特式商业主
义；矫饰主义

日本
桂离宫 日本神道教
东京 新陈代谢派；合理主
义；摩天楼主义

马来西亚
吉隆坡 摩天楼主义

墨西哥
墨西哥城 虔敬主义；地域
主义
特奥蒂瓦坎 前哥伦布主义

荷兰
阿姆斯特丹 表现主义；合
理主义；结构主义；结构理
性主义
海牙地区 地域古典主义

新喀里多尼亚
努美阿 生态主义

秘鲁
库斯科 前哥伦布主义

波兰
华沙 极权主义

葡萄牙
波尔图 新理性主义

南非
比勒陀利亚 帝国主义

俄罗斯
莫斯科 基督教古典主义；
构成主义；极权主义
圣彼得堡 绝对主义；崇高
主义

新加坡
生物气候主义

西班牙
巴塞罗那 装饰性工业主义；
理性主义
毕尔巴鄂 解构主义
科尔多瓦 伊斯兰教主义
马德里 虔敬主义

瑞典
卓宁霍姆宫 异国主义
斯德哥尔摩 地域古典主义

瑞士
巴塞尔 合理主义

土耳其
伊斯坦布尔 基督教古典主
义；伊斯兰教主义

阿联酋
迪拜 巨型主义

英国
剑桥 哥特式经院哲学；结
构主义；技术主义
爱丁堡 乔治亚都市主义
伦敦 英国经验主义；反都
市主义；粗犷主义；基督教
古典主义；生态主义；异国
主义；乔治亚都市主义；哥
特式经院哲学；唯物主义；
中世纪精神；纪念性都市主
义；新古典主义；帕拉第奥
主义；后现代主义；纯粹主
义；崇高主义；技术主义；
维多利亚主义
牛津大学 英国经验主义；
唯物主义；维多利亚主义

乌克兰
第聂伯 构成主义

美国
巴尔的摩 新古典主义
芝加哥 装饰性工业主义；
功能主义；纪念性都市主
义；摩天楼主义；维多利亚
主义
洛杉矶 技术主义；乌托邦
主义
新奥尔良 后现代主义；
纽约 社团主义；表现主义；
摩天楼主义
费城 后现代主义；乌托邦
主义
华盛顿 新古典主义

pp 2, 40, 46, 55 & 108 © Angelo
Hornak/CORBIS

pp 10 & 14 © Ted Streshinsky/Corbis

p 12 © Nik Wheeler/CORBIS

p 13 © Roger Ressmeyer/CORBIS

p 15 © Pallava Bagla/CORBIS

p 16 © Roger Wood/CORBIS

pp 17, 53 & 56 © Scala, Florence

pp 18–19 © Charles O´ Rear/CORBIS

pp 20–21 © Macduff Everton/CORBIS

p 22 © Keren Su/CORBIS

p 23 © Joseph Sohm, ChromoSohm
Inc/CORBIS

pp 24 & 32 © Archivo Iconografico, SA
/ CORBIS

pp 25 & 142 © Werner Forman/CORBIS

p 27 © Craig Lovell/CORBIS

pp 28–29 © ML Sinibald/CORBIS

p 30 © Jon Hicks/CORBIS

p 31 © Sakamoto Photo Research
Laboratory/CORBIS

pp 33 & 75 © Patrick Ward/CORBIS

pp 34, 79 & 89 © Paul Almasy/CORBIS

p 35 © Rose Hartman/CORBIS

pp 36 & 90 © Tibor Bognár/CORBIS

p 37 © Charles & Josette Lenars/CORBIS

pp 38 & 73 © Robert Holmes/CORBIS

p 39 © Richard List/CORBIS

pp 41, 65, 80 & 85 © Michael
Nicholson/CORBIS

p 42 © Araldo de Luca/CORBIS

p 44 © Jim Zuckerman/CORBIS

p 45 © Alinari Archives/CORBIS

pp 47, 49 & 52 © Vanni Archive/CORBIS

p 48 © José F Poblete/CORBIS

p 51 © Carmen Rodondo/CORBIS

p 54 © Paul Hardy/CORBIS

p 57 © Donald Corner & Jenny Young/
GreatBuildings.com

pp 58–59 & 64 © Gregor M Schmid/
CORBIS

pp 60–61 & 92 © Bridgeman Art
Library, London

pp 62, 70 & 81 © Alen MacWeeney/
CORBIS

p 63 © Jose Fuste Raga/CORBIS

p 66 © Eric Crichton/CORBIS

pp 67 & 86 © Michael Boys/CORBIS

pp 68–69 © London Aerial Photo
Library/CORBIS

p 69 © Philippa Lewis, Edifice/CORBIS

p 72 © Reinhard Goerner/Artur/VIEW

pp 74–75 © Roger Antrobus/CORBIS

pp 76 & 84 © Gillian Darley, Edifice/
CORBIS

pp 77, 106 & 118 © Dennis Gilbert/
VIEW

p 78 © Sergio Pitamitz/CORBIS

p 82 © Humphrey Evans, Cordaiy
Photo Library Ltd/CORBIS

p 83 © Richard Turpin/arcaid.co.uk

p 87 © Ann S Dean, Brighton

p 88 © Kevin Fleming/CORBIS

p 91 © David Ball/CORBIS

pp 94–95 © Brendan Ryan, Gallo
Images/CORBIS

pp 96 & 107 © Adam Woolfitt/CORBIS

p 98 © Jochen Helle/Artur/VIEW

p 99 © L Clarke/CORBIS

p 101 © private collection/Bridgeman
Art Library

p 102 © Chris Gascoigne/VIEW

p 103 © Edifice/CORBIS

pp 104, 123, 131 & 133 © Richard
Bryant/arcaid.co.uk

p 105 © Manfred Vollmer/CORBIS

p 109 © So Hing-Keung/CORBIS

p 110 © Klaus Frahm/Artur/VIEW

p 111 © Alex Bartel/arcaid.co.uk

pp 112 & 115 © Farrell Grehan/CORBIS

p 113 © Jeff Goldberg/ESTO

pp 116–17 © Bettmann/CORBIS

p 119 © Thomas A Heinz/CORBIS

pp 120 & 136 © Philip Bier/VIEW

p 124 © Bill Tingey/Arcaid

p 125 © Michael S Yamashita/CORBIS

pp 126–27 © Richard Rogers
Partnership

pp 128–29 © Grant Smith/VIEW

pp 130–31 © Reuters/CORBIS

p 132 © Matt Wargo

p 134 © Wolfgang Schwater/Artur/
VIEW

p 135 © Roland Halbe/Artur/VIEW

p 137 © Hélène Binet

pp 138–39 © John Gollings

p 139 © Ian Ritchie Architects

p 140 © Edmund Sumner/VIEW

p 141 © Paul Raftery/VIEW.

p 143 © Hufton + Crow

pp 144–5 © Jack Hobhouse

p 146 © Tim Hursley

p 147 Courtesy of SOM/Nick Merrick
© Hedrich Blessing

p 148 © Patrick Bingham-Hall

p 149 © Li Xiaodong

Front cover (left to right, from top)

© Angelo Hornak/CORBIS

© Charles O´ Rear/CORBIS

© L Clarke/CORBIS

© Paul Almasy/CORBIS

© Farrell Grehan / CORBIS

© Richard Rogers Partnership

© ML Sinibald/CORBIS

© Edmund Sumner/VIEW

© Roger Ressmeyer/CORBIS

© Pallava Bagla/CORBIS

图书在版编目（CIP）数据

读懂建筑：塑造世界建筑史的59个关键流派／（英）杰里米·梅尔文（Jeremy Melvin）著；蒋子凌译.—武汉：华中科技大学出版社，2022.6
ISBN 978-7-5680-8223-5

Ⅰ.①读… Ⅱ.①杰… ②蒋… Ⅲ.①建筑流派-研究-世界 Ⅳ.①TU-86

中国版本图书馆CIP数据核字（2022）第081493号

© Iqon Editions Limited, a division of Quarto Publishing Plc
First published in 2005 by Iqon Editions Limited.
This edition first published in China in 2022 by Huazhong University of Science and Technology Press.
Chinese edition ©2022 Huazhong University of Science and Technology Press.

All Rights Reserved.

简体中文版由Quarto Publishing Plc授权华中科技大学出版社有限责任公司在中华人民共和国境内（但不含香港特别行政区、澳门特别行政区和台湾地区）出版、发行。

湖北省版权局著作权合同登记　图字：17-2022-059号

读懂建筑：
塑造世界建筑史的59个关键流派　　　　　[英] 杰里米·梅尔文（Jeremy Melvin）著
Dudong Jianzhu: Suzao Shijie Jianzhushi de 59 Ge Guanjian Liupai　　　　　蒋子凌 译

出版发行：华中科技大学出版社（中国·武汉）　　　电话：(027) 81321913
　　　　　华中科技大学出版社有限责任公司艺术分公司　　(010) 67326910-6023
出 版 人：阮海洪

责任编辑：莽　昱　陶　红
责任监印：赵　月　郑红红　　　　　　封面设计：邱　宏

制　　作：北京博逸文化传播有限公司
印　　刷：广东省博罗县园洲勤达印务有限公司
开　　本：889mm×1194mm　1/32
印　　张：5.25
字　　数：114千字
版　　次：2022年6月第1版第1次印刷
定　　价：128.00元

本书若有印装质量问题，请向出版社营销中心调换
全国免费服务热线：400-6679-118　竭诚为您服务
版权所有　侵权必究